Yann Pouillon

Structure électronique d'oxydes et d'hydroxynitrate de cuivre

Yann Pouillon

Structure électronique d'oxydes et d'hydroxynitrate de cuivre

Une étude par la fonctionnelle de densité

Presses Académiques Francophones

Impressum / Mentions légales
Bibliografische Information der Deutschen Nationalbibliothek: Die Deutsche Nationalbibliothek verzeichnet diese Publikation in der Deutschen Nationalbibliografie; detaillierte bibliografische Daten sind im Internet über http://dnb.d-nb.de abrufbar.
Alle in diesem Buch genannten Marken und Produktnamen unterliegen warenzeichen-, marken- oder patentrechtlichem Schutz bzw. sind Warenzeichen oder eingetragene Warenzeichen der jeweiligen Inhaber. Die Wiedergabe von Marken, Produktnamen, Gebrauchsnamen, Handelsnamen, Warenbezeichnungen u.s.w. in diesem Werk berechtigt auch ohne besondere Kennzeichnung nicht zu der Annahme, dass solche Namen im Sinne der Warenzeichen- und Markenschutzgesetzgebung als frei zu betrachten wären und daher von jedermann benutzt werden dürften.

Information bibliographique publiée par la Deutsche Nationalbibliothek: La Deutsche Nationalbibliothek inscrit cette publication à la Deutsche Nationalbibliografie; des données bibliographiques détaillées sont disponibles sur internet à l'adresse http://dnb.d-nb.de.
Toutes marques et noms de produits mentionnés dans ce livre demeurent sous la protection des marques, des marques déposées et des brevets, et sont des marques ou des marques déposées de leurs détenteurs respectifs. L'utilisation des marques, noms de produits, noms communs, noms commerciaux, descriptions de produits, etc, même sans qu'ils soient mentionnés de façon particulière dans ce livre ne signifie en aucune façon que ces noms peuvent être utilisés sans restriction à l'égard de la législation pour la protection des marques et des marques déposées et pourraient donc être utilisés par quiconque.

Coverbild / Photo de couverture: www.ingimage.com

Verlag / Editeur:
Presses Académiques Francophones
ist ein Imprint der / est une marque déposée de
AV Akademikerverlag GmbH & Co. KG
Heinrich-Böcking-Str. 6-8, 66121 Saarbrücken, Deutschland / Allemagne
Email: info@presses-academiques.com

Herstellung: siehe letzte Seite /
Impression: voir la dernière page
ISBN: 978-3-8381-7613-0

Université Louis Pasteur (Strasbourg I)

ul p

UNIVERSITÉ LOUIS PASTEUR STRASBOURG

THÈSE

soutenue le 27 septembre 2002

pour l'obtention du titre de

Docteur de l'Université Louis Pasteur
(Spécialité : physique de la matière condensée)

par

Yann POUILLON

Propriétés structurales et électroniques d'agrégats CuO_n (n=1–6) et du composé solide $Cu_2(OH)_3(NO_3)$: une étude par la fonctionnelle de densité

Composition du jury

Rapporteurs :	H. Dreyssé
	X. Gonze
	P. Gressier
Examinateur :	M.M. Rohmer
Directeur de thèse :	C. Massobrio
Invité :	M. Drillon

IPCMS

Institut de Physique et Chimie des Matériaux de Strasbourg

Remerciements

Je tiens avant tout à remercier du fond du cœur M. Carlo MASSOBRIO, qui m'a proposé cette thèse. Sa disponibilité, la clarté de ses explications, sa patience, sa détermination et la liberté de manœuvre qu'il m'a accordée ont été pour moi un exemple et un soutien particulièrement efficaces dans les moments de doute. En plus de m'avoir fait prendre contact avec le monde de la recherche, ce travail a été pour moi extrêmement enrichissant sur bien des plans.

J'exprime ma gratitude à M. Bernard CARRIÈRE qui m'a accueilli au sein de son unité de recherche, ainsi qu'à MM. Jean-Claude PARLEBAS et Jean-Paul KAPPLER, qui ont dirigé le groupe GEMME pendant ma thèse. Et par la même occasion à MM. Jeanine WENDLING, Béatrice MASSON, Francine LAPP, Véronique WERNHER ainsi qu'à tout le personnel administratif de l'institut pour leur efficacité, leur disponibilité et leur amabilité.

Je suis très reconnaissant envers MM. Hugues DREYSSÉ, Xavier GONZE, Pascal GRESSIER, Marie-Madeleine ROHMER et Marc DRILLON qui m'ont fait l'honneur d'examiner mon travail.

Un grand merci aussi au CINES et à l'IDRIS, pour leurs généreuses allocations d'heures de calcul, et en particulier à l'assistance technique de l'IDRIS, qui m'a beaucoup aidé (c'est peu de le dire !) à résoudre les incidents survenus lors du portage du code CPV et en production, depuis la mise en place du NEC-SX5. Et au passage, à NEC France, dont l'intervention sur CPV, même si elle est restée ponctuelle, a été déterminante dans son adaptation au NEC-SX5.

J'exprime aussi de chaleureux remerciements à Mme Dominique SPEHLER, qui m'a proposé, par l'entremise de M. Rodolfo JALABERT, d'effectuer des travaux dirigés à l'IUT Louis Pasteur de Schiltigheim, ainsi qu'à MM. Bernard OBRECHT, Christian BERGMANN et Alain BERNARD qui m'ont accepté dans leur établissement. Ce fut pour moi une expérience particulièrement enrichissante, et j'en profite pour remercier la très efficace Carine PARTY qui a grandement simplifié mes relations avec l'administration et les élèves.

Merci infiniment à Sébastien LEBÈGUE, dont l'aide pour l'administration du site web de SEMAT (http://semat.u-strasbg.fr/) a été très appréciable et m'a permis de tourner exclusivement mon attention sur l'amélioration du site, ainsi qu'à Yann LEROY pour sa relecture attentive du manuscrit, ses remarques pertinentes et ses précieux conseils pour la mise en page, et également à Idriss CHADO pour sa si grande générosité, sa spontanéité et pour m'avoir poussé à organiser des séances de formation en informatique.

Je témoigne enfin toute ma reconnaissance à toutes celles et tous ceux que je n'ai pas cité ici, et ils sont nombreux, dont la présence et le soutien m'ont donné la volonté d'aller jusqu'au bout de ce travail.

Summary for busy people

Copper oxides are involved in an extremely wide range of fields, going from pyrotechnics to biochemistry, through catalysis, corrosion, and coloring of ceramics. From a more fundamental viewpoint the evolution of the Cu-O bond in these oxides is reflected by the variations of their physico-chemical properties. These variations follow the changes in composition and nature of the atomic or molecular components. However, whereas the Cu-O bond has been firmly established as predominantly ionic in solid compounds like Cu_2O, only few information are available for other compounds — particularly for nanostructures — to make a clear statement about its nature. From the side of magnetic properties the behavior of numerous solid or molecular copper oxides is strongly related to the nature of the bonds formed between copper and oxygen from ligands. Molecular compounds and the resulting correlations between their structures and magnetic properties can be built only provided a precise understanding of the Cu-O bond has been achieved. From these considerations it appears that the Cu-O bond has to be described within a theoretical framework fully accounting for the chemical environment.

In the first part of this thesis we have studied the structural and electronic properties of a series of small CuO_n (n=1–6) clusters. Among these small molecules the geometries of which are experimentally out-of-reach, only CuO and CuO_2 have been the subjects of previous detailed theoretical studies. CuO_3 and CuO_4 have been considered only very recently, while nothing exists on CuO_5 and CuO_6. Experimental data on these clusters come from rare-gas-matrix or photoelectron spectroscopy studies. By considering the vibrational modes, which are related to the peak width in the spectra, experimentalists can deduce the probable symmetry of the clusters. Yet such educated guesses are still unsufficient for a correct structural description.

In the second part of this thesis we have focused our attention to the structural, electronic, and magnetic properties of copper hydroxonitrate which is elaborated and characterized at IPCMS and serves as a basis for building hybrid organic-inorganic layered materials. In these materials the copper atoms form a triangular lattice on each layer. The interlayer distances and then the interactions between the layers are controlled by the size and the chemical properties of the carbon chain that replaces the NO_3 group. In $Cu_2(OH)_3(NO_3)$ the magnetic interactions within each layer are globally antiferromagnetic thus making it a good prototype of a bidimensional frustrated system. The magnetic interaction between two neighbouring copper atoms follows a superexchange mechanism: either two oxygen atoms from OH groups or one oxygen belonging a OH group and one another from a NO_3 group act as bridges for the magnetic coupling.

The calculations presented in this work are carried out within the density functional theory (DFT) framework. The exchange and correlation part of the total energy is modeled by taking generalized gradient corrections into account. The wavefunctions are projected on a plane-wave basis set, associated to periodic boundary conditions. The core-valence interaction is treated by means of two types of pseudopotentials. In the case of clusters we make use of pseudopotentials which are built without conserving the equality between the square moduli of the wavefunctions and the valence charge density (Vanderbilt ultrasoft pseudopotentials) whereas we use the so-called norm-conserving pseudopotentials to model the solid compound. The latter choice has enabled an optimal exploitation of the computational resources. Indeed the Vanderbilt scheme is less resource-consuming but its implementation is also less appropriate for parallel computing. As a consequence the clusters have been studied on a NEC-SX5 in vector mode whereas $Cu_2(OH)_3(NO_3)$ — the simulation of which consumes a lot of memory — has been implanted on a CRAY-T3E and an IBM-SP2, both exhibiting very high performance. For both cases our studies have taken benefit from generous allocations at the IDRIS and CINES national computer facilities.

The equilibrium structures of the clusters are determined by means of a damped dynamics scheme so as to obtain local *minima*. Temperature effects are evidenced by *ab initio* molecular dynamics simulations. We have developed a specific method to determine the atomic character of molecular orbitals for the systems considered, consisting in projecting molecular orbitals on previously cutted atomic ones. It has been applied on clusters in order to get an insight into the nature of the Cu-O bond and the role played by the geometry. To improve our analyses we have plotted the contours of the orbitals, one by one, for some of the clusters.

The CuO_2 cluster exists in the form of a linear molecule OCuO and a complex, $Cu(O_2)$, which has two isomers very close in energy and consequently very hard to distinguish in the spectra. The calculated equilibrium structures are in agreement with the symmetries proposed by the experimentalists. We have shown by means of a molecular dynamics simulation that the linear molecule is unstable in its quadruplet state and relaxed to a C_{2v} symmetry. We have also carried out a finite-temperature simulation on negatively charged clusters. It has suggested that the two isomers of the complex coexist in the spectra, yet in different spin states. Except in one case the CuO_3 cluster has only planar geometries among which one is an ozonide. The most stable isomer of CuO_4 also exhibits a planar geometry. One of the isomers of CuO_5 shows a tetrahedral arrangement of oxygen atoms which could have relevant implications in catalysis processes. Results obtained for CuO_6 show that the symmetries deduced from experience do not correspond to the most stable forms, and are even unstable in some cases. More generally, the three biggest clusters in the series are made up of structural blocks encountered in the smaller ones. Ozonides are favoured as the number of atoms increases, whereas the presence of OCuO groups lessens the stability of the molecules. We also note that the ionicity of the Cu-O bond increases with the number of atoms.

The coupling constants of copper hydroxonitrate have been determined in the past within a phenomenological framework by resolving a spin hamiltonian and fitting the solutions to experiments. Due to their empirical nature these models do not allow a precise understanding of the magnetic interactions. That's why an *ab initio* study of its structural, electronic and magnetic properties has been carried out recently at the IPCMS. Our calculations on $Cu_2(OH)_3(NO_3)$ extend the tracks of this study. They aim at evaluating the different coupling constants. For this we have first fixed the total spin of the system to reproduce the experimental value (S=0). A family of local spin distributions has been obtained by varying the initial guess for the wavefunctions in a manner that preserved the total spin. From the distribution of the bond lengths and their influence on the intensity of the interactions we have inferred there were six different exchange paths and six coupling constants. On the hypothesis of spin-spin interaction additivity, the analysis of the spin density and its topology allowed us to build a series of hamiltonians by decomposing the total energies of the systems considered. This operation is made possible by matching each spin distribution to the corresponding energy. By resolving the resulting matrix equations we have deduced the sign and amplitude scale of the coupling constants. These are about ten times the intensity that can be expected from the experimental behavior. Such a result confirms that the evaluation of coupling constants depends crucially on the quality of the exchange and correlation energy functional. Indeed some works on molecular systems had revealed the inadequacy of most of these fonctionals for a quantitative determination of super-exchange coupling constants.

As a conclusion, the study of CuO_n clusters has allowed us to better understand how the nature of bonding establishes between oxygen atoms and a copper one. As the experimentalists had proposed we have noted that this type of cluster is more stable in a planar geometry. We have also put in evidence the interplay between the geometry of the clusters and the predominant character of the inner Cu-O bonds. In the future it will be of interest to consider a series of clusters containing several copper atoms in order to observe the influence of copper-copper bonds on their stability and on the Cu-O bond.

An *ab initio* method provides a self-consistent framework to study the magnetic interactions within the layers of copper hydroxonitrate. However the coupling constants are determined from very small energy differences, what makes them very sensitive to the quality of the functionals adopted for the exchange and correlation part of the energy. The continuation of this work will consist in exploring the properties of the hybrid organic-inorganic layered materials derived from $Cu_2(OH)_3(NO_3)$, the equilibrium geometries of these compounds being currently unknown. With respect to the determination of the coupling constants some other families of exchange and correlation functionals may be used, better suited for a quantitative evaluation of these parameters.

Table des matières

Introduction   **1**

I   Cadre théorique   **7**

1   Théorie de la fonctionnelle de densité   **9**
1.1   Approches *ab initio* 9
1.2   Principes 11
1.3   Échange et corrélation 13
     1.3.1   Position du problème 13
     1.3.2   Approximation de densité locale 17
     1.3.3   Approximations de gradient généralisé 18
     1.3.4   Développements ultérieurs : fonctionnelles hybrides 21

2   Ondes planes et pseudopotentiels   **23**
2.1   Choix de la base pour les fonctions d'onde 23
2.2   Du potentiel aux pseudopotentiels 25
2.3   Pseudopotentiels à norme conservée 28
     2.3.1   Construction 28
     2.3.2   Séparation de Kleinmann-Bylander 29
     2.3.3   Reformulation de l'énergie et du potentiel effectif 30
2.4   Pseudopotentiels de Vanderbilt (*ultrasoft*) 32
     2.4.1   Non-conservation de la norme et implications 32
     2.4.2   Pseudisation des fonctions d'augmentation 34
     2.4.3   Seuil de rentabilité 36

3   Dynamique moléculaire *ab initio*   **37**
3.1   Détermination des structures d'équilibre 37
     3.1.1   Schéma de principe 37
     3.1.2   Détermination de l'état fondamental électronique 38
3.2   Principes de la dynamique moléculaire *ab initio* 40
     3.2.1   Lagrangien et équations du mouvement 40
     3.2.2   Contrôle de l'adiabaticité 41
     3.2.3   Optimisations globales 43
3.3   Mise en œuvre de la DMAI 44
     3.3.1   Calcul de l'énergie et des forces 44

3.3.2   Extension aux pseudopotentiels de Vanderbilt 44

3.3.3   Technique de la double grille 47

3.4   Évolution des variables dynamiques 49

3.4.1   Algorithme de Verlet 49

3.4.2   Préconditionnement et techniques d'intégration avancées 50

II   Agrégats CuO_n 53

4   Études réalisées sur les agrégats   55

4.1   Données expérimentales et modélisation 55

4.1.1   Production et caractérisation des agrégats 55

4.1.2   Modélisation 56

4.2   Propriétés structurales 57

4.2.1   Détermination des structures d'équilibre 57

4.2.2   Propriétés mécaniques 58

4.2.3   Dynamique moléculaire à température finie 59

4.3   Propriétés électroniques 59

4.3.1   Obtention des états propres du système 59

4.3.2   Coupure des orbitales atomiques 60

4.3.3   Populations des orbitales 62

4.3.4   Extension spatiale des orbitales 62

4.4   Obtention des états excités 63

4.4.1   Ajout d'états vides au système 63

4.4.2   États excités au premier ordre 64

4.4.3   Relaxation des orbitales et de la densité 64

4.5   Présentation des résultats 65

4.6   Tour d'horizon des agrégats 66

5   Mise au point des calculs : l'agrégat CuO   69

5.1   Motivations 69

5.2   Calculs préliminaires : Cu et O 70

5.3   Énergies de coupure et taille de la cellule 70

5.4   Paramètres dynamiques 72

5.5   Populations des orbitales moléculaires 74

5.5.1   Rayons de coupure 74

5.5.2   Calcul des populations de CuO 76

5.5.3   Sensibilité de la méthode 77

6 CuO_2 81

6.1   Au commencement 81

6.2   Propriétés structurales 82

6.3   Instabilité du quadruplet linéaire neutre 85

6.4   Stabilité à température finie 86

6.5   Propriétés électroniques 88

     6.5.1   États excités 88

     6.5.2   Populations des orbitales 88

7 CuO_3   **93**

   7.1   Au commencement 93

   7.2   Propriétés structurales 94

   7.3   Propriétés électroniques 97

8 CuO_4   **101**

   8.1   Au commencement 101

   8.2   Propriétés structurales 101

   8.3   Propriétés électroniques 104

9 CuO_5   **107**

   9.1   Au commencement 107

   9.2   Propriétés structurales 108

   9.3   Propriétés électroniques 112

10 CuO_6   **115**

   10.1 Au commencement 115

   10.2 Propriétés structurales 116

   10.3 Propriétés électroniques 119

III   L'hydroxynitrate de cuivre $Cu_2(OH)_3(NO_3)$ **123**

11 $Cu_2(OH)_3(NO_3)$: un matériau prometteur   **125**

   11.1 Motivations 125

   11.2 Données expérimentales 126

   11.3 Identification des chemins d'échange 128

   11.4 Détermination des constantes de couplage 130

   11.5 Modélisation *ab initio* de l'hydroxynitrate 131

12 Propriétés magnétiques de $Cu_2(OH)_3(NO_3)$ **133**

   12.1 Obtention de l'état fondamental électronique 133

   12.2 Construction et analyse de la densité de spin 134

   12.3 Magnétisation de l'oxygène par le cuivre 135

   12.4 Estimation des constantes de couplage 138

       12.4.1 Méthodologie 138

       12.4.2 Dans le modèle à quatre constantes 140

       12.4.3 Dans le modèle à six constantes 141

   12.5 Perspectives 142

Conclusion   **145**

A Publications, communications et autres activités   **149**
  A.1 Publications 149
  A.2 Communications 150
  A.3 Enseignement 151
  A.4 Activités annexes 151

B CPV : description, utilitaires et portage   **153**
  B.1 Programme principal 153
  B.2 Utilitaires 154
  B.3 Portage de CPV sur le NEC-SX5 de l'IDRIS 154
  B.4 Performances 156

C La base de données *clusters*   **157**
  C.1 Nomenclature 157
  C.2 Accéder aux résultats 159
  C.3 Structure de la base de données 159
     C.3.1 Tables 159
     C.3.2 La table *species* 160
     C.3.3 La table *parameters* 161
     C.3.4 La table *exchange* 162
     C.3.5 La table *correlation* 162
     C.3.6 La table *dynamics* 162
     C.3.7 La table *identities* 163
     C.3.8 La table *startpoints* 163
     C.3.9 La table *geometries* 164
     C.3.10 La table *energies* 164
     C.3.11 La table *orbitals* 164
     C.3.12 La table *maps* 165
     C.3.13 La table *excitations* 165

D La base de données *hybrids*   **167**
  D.1 Nomenclature 167
  D.2 Programmes d'analyse 168
  D.3 Structure de la base de données 170
     D.3.1 Tables 170
     D.3.2 La table *species* 171
     D.3.3 La table *parameters* 171
     D.3.4 La table *identities* 172
     D.3.5 La table *startpoints* 172
     D.3.6 La table *geometries* 172
     D.3.7 La table *energies* 173
     D.3.8 La table *populations* 173
     D.3.9 La table *coupling* 173

Bibliographie **175**

Liste des tableaux

4.1 Récapitulatif des propriétés structurales de la série d'agrégats. 67

5.1 Paramètres de référence pour le calcul des énergies de cohésion. 70
5.2 Convergence par rapport aux deux énergies de coupure. 71
5.3 Convergence par rapport à la taille de la cellule de simulation. 72
5.4 Populations des orbitales de CuO et CuO^-. 76

6.1 Énergies de cohésion des isomères de CuO_2. 85

7.1 Énergies de cohésion des isomères de CuO_3. 96

8.1 Énergies de cohésion des isomères de CuO_4. 104

9.1 Énergies de cohésion des isomères de CuO_5. 112

10.1 Énergies de cohésion des isomères de CuO_6. 119

12.1 Magnétisation de l'oxygène par le cuivre (144 atomes, 2X3Y1Z). 136
12.2 Magnétisation de l'oxygène par le cuivre (96 atomes, 2X1Y2Z). 138
12.3 Décompte des interactions magnétiques pour 96 atomes. 140
12.4 Décompte des interactions magnétiques pour 144 atomes. 142

B.1 Nom et fonction des exécutables obtenus après compilation de CPV. 154
B.2 Nom et fonction des autres utilitaires développés. 155

Liste des figures

2.1 Pseudisation des fonctions d'onde de valence et du potentiel. 26
2.2 Transformées de Fourier des fonctions d'augmentation pseudisées. 35

3.1 Détermination de l'état fondamental électronique et géométrique d'un système. 37
3.2 Résolution des équations de Kohn-Sham par diagonalisation. 38
3.3 Détermination des structures d'équilibre par dynamique amortie. 43
3.4 Principe général du calcul de l'énergie et des forces. 45
3.5 Technique de la double grille (représentation schématique). 48
3.6 Exemple de préconditionnement des degrés de liberté fictifs. 51

4.1 Relaxation des orbitales et de la densité pour l'obtention des états excités. . . 65
4.2 Blocs structuraux observés dans la série d'agrégats. 68

5.1 Oscillations de CuO et CuO^- autour de leur structure d'équilibre. 73
5.2 Évolution des énergies lors d'une dynamique moléculaire sur CuO. 74
5.3 Influence du rayon de coupure sur les populations du cuivre. 75
5.4 Populations et tracé des orbitales de l'agrégat CuO. 78
5.5 Populations et tracé des orbitales de l'agrégat CuO^-. 79

6.1 Configurations initiales choisies pour CuO_2. 82
6.2 Structures d'équilibre de CuO_2 et CuO_2^-, avec ou sans correction de gradient. . 83
6.3 Influence du spin sur les géométries de CuO_2 et CuO_2^-. 84
6.4 Instabilité du quadruplet linéaire neutre. 86
6.5 Stabilité des deux isomères du complexe $Cu(O_2)^-$. 87
6.6 Populations (en %) et tracé des orbitales de l'agrégat linéaire $OCuO^-$. 89
6.7 Populations (en %) et tracé des orbitales de l'isomère *bent* de $Cu(O_2)^-$. . . . 90
6.8 Populations (en %) et tracé des orbitales de l'isomère *side-on* de $Cu(O_2)^-$. . . 91

7.1 Configurations initiales choisies pour CuO_3. 94
7.2 Structures d'équilibre de l'agrégat CuO_3. 95
7.3 Populations des orbitales de CuO_3. 98
7.4 Tracé des orbitales des isomères de $Cu(O_3)^-$. 99

8.1 Configurations initiales choisies pour CuO_4. 102
8.2 Isomères de CuO_4 du type $(O_2)Cu(O_2)$. 102
8.3 Isomères de CuO_4 du type $(OCuO)(O_2)$. 103
8.4 Isomères de CuO_4 du type $OCu(O_3)$. 103

8.5   Populations des orbitales de CuO_4. 105

9.1   Configurations initiales choisies pour CuO_5. 107
9.2   Premier groupe d'isomères de CuO_5. 109
9.3   Deuxième groupe d'isomères de CuO_5. 109
9.4   Troisième groupe d'isomères de CuO_5. 110
9.5   Isomère « étrange » de CuO_5. 111
9.6   Populations des orbitales de CuO_5. 113

10.1 Configurations initiales choisies pour CuO_6. 115
10.2 Premier groupe d'isomères de CuO_6. 116
10.3 Deuxième groupe d'isomères de CuO_6. 117
10.4 Troisième groupe d'isomères de CuO_6. 118
10.5 Populations des orbitales de CuO_6. 121

11.1 Géométrie de l'hydroxynitrate $Cu_2(OH)_3(NO_3)$. 127
11.2 Schéma des interactions dans l'hydroxynitrate. 128
11.3 Représentation schématique des chemins d'échange. 129

12.1 Tracé des moments magnétiques locaux sur les atomes de cuivre. 139

C.1   Nomenclature utilisée pour nommer les fichiers (agrégats). 157

D.1   Nomenclature utilisée pour nommer les fichiers (matériaux hybrides). 167

Introduction

Les oxydes de cuivre couvrent des domaines très divers et ont des applications extrêmement variées. Ils sont utilisés dans les céramiques et en pyrotechnie, à cause de leurs propriétés colorantes. Ils servent également de base à des laques anti-corrosion pour embarcations. Ils constituent aussi de bons catalyseurs, en particulier sous la forme d'agrégats, très prisés par l'industrie chimique. On peut aussi ajouter qu'ils jouent un rôle très important dans les réactions complexes d'oxydoréduction qui ont lieu au sein des cellules, ainsi que dans le transport de l'oxygène chez les crustacés et les mollusques. Néanmoins, leur présence entraine une dégradation sensible de la conductivité et des propriétés mécaniques des connexions électriques. Ils sont tout aussi indésirables dans les canalisations en cuivre, et sont particulièrement redoutés par les brasseurs. Ils représentent enfin un danger pour les écosystèmes aquatiques, car ils y sont extrêmement toxiques pour la faune et la flore, ce problème étant aggravé par les pluies acides qui augmentent leur solubilité.

D'un point de vue plus fondamental, l'évolution de la liaison Cu-O dans les différents oxydes se reflète dans les variations de leurs propriétés physico-chimiques, qui suivent les changements de composition et d'identité des constituants atomiques ou moléculaires. Cette liaison révèle même des caractéristiques tout à fait particulières et inattendues lorsqu'elle est observée plus finement. Ainsi, dans le composé solide Cu_2O, on pourrait s'attendre, de par la position du cuivre et de l'oxygène dans le tableau périodique, à ce que les atomes de cuivre se trouvent *a priori* dans une configuration $3d^{10}$, puisqu'il ont cédé chacun un électron à l'atome d'oxygène le plus proche. Malgré tout, l'existence d'une liaison cuivre-cuivre y a été révélée par l'observation de lacunes dans les orbitales 3d du cuivre [1].

Il a aussi été démontré que la liaison Cu-O joue un rôle crucial dans l'apparition de la supraconductivité à haute température critique. Cette propriété physique peut désormais être étudiée à la température de l'azote liquide, en lieu et place de l'hélium liquide. Dans les matériaux en question, l'importance de la liaison Cu-O a été mise en évidence du fait que la substitution d'atomes de cuivre ou d'oxygène par d'autres espèces entraîne une diminution catastrophique de la température critique, ce qui n'est pas le cas pour les autres espèces présentes [2]. D'autre part, ces composés ont des propriétés structurales, électroniques et magnétiques différentes des autres supraconducteurs, plaidant ainsi pour une connaissance plus en profondeur de la liaison Cu-O.

Du côté des propriétés magnétiques, de nombreux oxydes de cuivre à l'état moléculaire ou solide ont un comportement qui est étroitement lié à la fois à la nature même de la liaison Cu-O et aux liaisons qui s'établissent entre le cuivre et l'oxygène des ligands. La construction d'édifices moléculaires, et les corrélations qui en découlent entre la structure et les propriétés magnétiques, ne peut s'effectuer qu'à partir d'une connaissance précise de la liaison Cu-O pour une situation structurale donnée.

Très peu d'informations sont disponibles pour juger sans ambiguïté du caractère de la liaison Cu-O dans d'autres composés, en particulier dans les nanostructures et les agrégats. Les propriétés de ces systèmes sont très différentes de celles des solides massifs, à cause de l'importance des effets de surface (dans un agrégat de 1000 atomes, 25% d'entre eux se trouvent en surface). Ces effets entrent même pour une part importante dans la complexité des problèmes concernant les agrégats inclus dans une matrice. Par conséquent, connaître et comprendre les propriétés des agrégats isolés constitue une base essentielle pour étudier les agrégats inclus, qui prennent actuellement de plus en plus d'importance au niveau technologique [3–5]. D'autre part, le nombre restreint d'atomes qui composent ces systèmes rend les liaisons très sensibles à tout changement. Enfin, un point à souligner est que, bien que d'énormes progrès aient été faits ces dernières années pour caractériser les agrégats [6], il n'existe toujours pas de méthode directe permettant de déterminer leurs structures géométriques.

Au vu de ces considérations, il apparaît indispensable que la liaison Cu-O soit décrite en faisant appel à un cadre théorique capable de la reproduire correctement dans les différents environnements chimiques rencontrés. Les méthodes semi-empiriques, même si elles sont capables de reproduire certaines propriétés d'un système donné avec une grande précision, sont à exclure. Le potentiel y est en effet ajusté sur des courbes expérimentales et n'est donc pas transférable. Cet inconvénient les rend totalement inadaptées à une étude quantitative des petits systèmes, dont les propriétés varient énormément avec l'environnement : un simple changement de géométrie suffit à changer le type de liaison qui prédomine entre les atomes (cf. chap. 6). Au contraire, une approche *ab initio* fournit un cadre unifié permettant d'étudier différents systèmes dans différentes situations. Il est possible de modéliser jusqu'à plusieurs centaines d'atomes, et donc de suivre l'évolution des propriétés des systèmes considérés en fonction de leur taille. D'autre part, de telles approches, qui ont prouvé leur efficacité pour la détermination de structures moléculaires, peuvent être utilisées en combinaison avec des études expérimentales, afin d'obtenir des informations structurales et électroniques précises sur les agrégats [6–8].

Pour contribuer à une meilleure compréhension de la liaison cuivre-oxygène, nous avons choisi d'étudier, dans la première partie de cette thèse, les propriétés structurales et électroniques d'une série de petits agrégats CuO_n (n=1–6). Les données expérimentales disponibles proviennent d'études en matrices de gaz rare et de spectroscopie de photoélectrons. Par des considérations sur les modes de vibration, liés à la largeur des pics dans les spectres, les expérimentateurs peuvent en déduire les symétries des agrégats, mais ceci est insuffisant pour les caractériser sans ambiguïté d'un point de vue structural. Au moment où ce travail a débuté, seuls CuO, CuO_2 et, dans une moindre mesure, CuO_3 avaient fait l'objet d'un certain nombre de travaux théoriques. Aucune géométrie n'avait été proposée pour les autres. L'absence de renseignements structuraux précis sur ces agrégats, malgré le faible nombre d'atomes qui les composent peut sembler *a priori* surprenante. Ce vide révèle en fait les difficultés posées par la modélisation, à l'échelle atomique, des propriétés structurales et électroniques de ces systèmes. De plus, les différents isomères de CuO_2 n'avaient pas été traités dans un cadre théorique unique. Or, des calculs basés sur la dynamique moléculaire *ab initio* avaient démontré, dans le cas de petits agrégats de cuivre, que des structures d'équilibre pouvaient être mises en relation avec les observations expérimentales en comparant les résultats des simulations avec des spectres de photoélectrons d'agrégats chargés négativement [9].

Nous nous sommes donc proposé de modéliser les agrégats CuO dans le cadre de la théorie de la fonctionnelle de densité (DFT, *Density Functional Theory*), en ayant recours à la dynamique moléculaire *ab initio*. Celle-ci, explicitement conçue pour l'optimisation des géométries, tout en donnant accès aux propriétés électroniques des systèmes considérés, nous est apparue comme une méthode de choix. Grâce à ce cadre unifié, nous avons disposé aussi d'une échelle de comparaison pour tous les calculs que nous avons menés.

Dans la deuxième partie de cette thèse, nous avons porté notre attention sur l'hydroxynitrate de cuivre $Cu_2(OH)_3(NO_3)$. Ce composé solide, fabriqué et caractérisé à l'IPCMS, sert de base à l'élaboration de matériaux lamellaires hybrides organiques-inorganiques, dont les propriétés présentent un intérêt tant au niveau fondamental qu'appliqué [10]. Dans ces matériaux, les interactions magnétiques au sein des plans de cuivre sont gouvernées par un mécanisme de super-échange, qui a lieu par l'intermédiaire d'atomes d'oxygène appartenant à un groupe OH ou à un groupe NO_3. L'interaction entre les plans est contrôlée par la taille de la chaîne carbonée qui peut remplacer les groupements NO_3.

Contrairement aux composés qui en dérivent, $Cu_2(OH)_3(NO_3)$ est aujourd'hui bien caractérisé du point de vue structural. Par contre, malgré les données expérimentales précises existant sur ses propriétés magnétiques, aucun modèle phénoménologique n'est parvenu à décrire correctement celles-ci [11–13]. C'est pourquoi une étude *ab initio* de l'hydroxynitrate de cuivre, à l'échelle atomique, a été menée à l'IPCMS [14]. Nos calculs s'inscrivent dans la continuité de cette démarche et visent à fournir une méthode permettant :

– d'analyser les densités de spin pour chaque espèce ;
– d'évaluer les différentes constantes de couplage magnétique au sein des plans de cuivre.

Ce document est divisé en trois parties. La première, couvrant les chapitres 1 à 3, présente le cadre théorique dans lequel a été effectué ce travail. Les fondements de la DFT sont exposés, et l'accent est porté sur la partie échange et corrélation de l'énergie, qui conditionne de manière cruciale la qualité des résultats obtenus. Après un rappel des principes sur lesquels ils sont fondés, les deux types de fonctionnelles que nous avons utilisés sont décrits. Les apports des corrections de gradient généralisé par rapport à la LDA, ainsi que leurs limitations, sont également pointés. Nous discutons également les aspects techniques associés à un développement en ondes planes des fonctions d'onde.

Nous avons pris en compte l'interaction entre les électrons de cœur et les électrons de valence à l'aide de deux classes de pseudopotentiels, adaptés aux calculs en ondes planes. Les uns, à norme conservée, ont servi pour l'hydroxynitrate de cuivre, suivant la recette de TROULLIER et MARTINS [15]. Les autres, construits suivant le schéma élaboré par VANDERBILT [16], ont été utilisés pour les agrégats. Les pseudopotentiels de Vanderbilt sont présentés de façon à mettre en évidence leurs différences par rapport au cas à norme conservée.

La dynamique moléculaire *ab initio* présente une grande souplesse de mise en œuvre, si bien qu'il est possible, à l'aide d'un seul code, de déterminer l'état fondamental électronique d'un système, ses minima structuraux, et aussi de s'assurer de la stabilité d'une géométrie particulière, grâce à des simulations de dynamique moléculaire, qui peuvent aussi tenir compte des effets de la température. Nous présentons, à partir des principes sur lesquels il repose, les manières dont on peut se servir d'un schéma de dynamique moléculaire *ab initio* afin de réaliser toutes ces opérations. La question des performances et de leur amélioration est également abordée.

La deuxième partie, constituée des chapitres 4 à 10, est consacrée aux études que nous avons menées sur les agrégats CuO_n. Après un tour d'horizon des méthodes utilisées pour produire, caractériser et modéliser les agrégats, les approches que nous avons utilisées ou développées pour déterminer leurs propriétés structurales et électroniques sont décrites. Elles comprennent la détermination des minima structuraux, la vérification de la stabilité, la prise en compte des effets de la température et l'analyse des caractères atomiques des orbitales moléculaires. La méthode de détermination des états excités est également exposée, bien qu'elle n'ait pas abouti à des résultats probants dans le cas des agrégats CuO_n.

Nous avons mis au point les paramètres des simulations en prenant le dimère CuO comme système de référence, en raison des nombreuses informations disponibles à son sujet. Du point de vue structural, ce qui ressort des calculs menés sur les autres agrégats est que les géométries les plus stables sont toutes planes. Le cuivre forme le plus facilement des complexes avec des dimères d'O_2, mais peut aussi s'allier à un ou deux atomes d'oxygène isolés, ou encore à des trimères O_3. Ces derniers prennent même une importance croissante lorsque la taille des agrégats augmente. En ce qui concerne les propriétés électroniques, nous avons été en mesure de mettre en évidence non seulement le caractère dominant de la liaison Cu-O en leur sein, mais aussi de déterminer la position et le type des orbitales qui jouaient le rôle le plus important dans son établissement.

La troisième partie concerne le composé solide $Cu_2(OH)_3(NO_3)$. Nous présentons tout d'abord les données expérimentales disponibles sur ses propriétés structurales, électroniques et magnétiques. Après la description des caractéristiques et des points faibles des modèles phénoménologiques visant à évaluer les interactions magnétiques en son sein, nous montrons l'intérêt que peut présenter une étude *ab initio* dans un tel cas.

En se basant sur l'hypothèse de l'additivité des interactions entre spins, l'analyse de la densité de spin et de sa topologie nous a permis de construire une série d'hamiltoniens, par la décomposition des énergies totales des systèmes considérés. Cette démarche est rendue possible par la correspondance existant entre une distribution de spin et une énergie donnée. En résolvant le système d'équations ainsi obtenu, nous en avons déduit le signe et l'ordre de grandeur des constantes de couplage. Les valeurs obtenues sont plus élevées que celles prévues sur la base du comportement expérimental. Ce résultat confirme que l'évaluation des constantes de couplage est liée d'une manière cruciale à la qualité de la fonctionnelle d'échange et corrélation utilisée. En effet, des travaux effectués sur des systèmes moléculaires avaient mis en évidence l'insuffisance de la plupart de ces fonctionnelles pour la détermination quantitative des constantes de couplage associées au mécanisme du super-échange [17].

Première partie

Cadre théorique

Chapitre 1

Théorie de la fonctionnelle de densité

Dans toute la première partie, nous considérons un système constitué de N_a atomes et contenant N_e électrons en interaction. Toutes les équations sont écrites en unités atomiques (u.a.), c'est-à-dire avec $\hbar = m_e = e = 1$, m_e étant la masse de l'électron et e la charge élémentaire (un électron a donc une charge égale à -1).

1.1   Approches *ab initio*

Lorsqu'on veut étudier la matière, on peut, en principe, calculer toutes les propriétés d'un ensemble d'atomes à partir des lois de la mécanique quantique, à l'aide de l'équation de Schrödinger dépendant du temps :

$$\hat{H}\,\Psi\left(\{R_I\},\{r_i\},t\right) = i\frac{\partial\Psi\left(\{R_I\},\{r_i\},t\right)}{\partial t} \tag{1.1}$$

avec :

$$\hat{H} = \sum_I -\frac{\nabla_I^2}{2M_I} + \sum_i -\frac{\nabla_i^2}{2} + \hat{V}\left(\{R_I\},\{r_i\}\right) \tag{1.2}$$

Le système est décrit à l'aide d'une fonction d'onde à plusieurs particules $\Psi\left(\{R_I\},\{r_i\},t\right)$, où l'ensemble $\{R_I\}$ contient les variables décrivant les noyaux, de masse M_I, et $\{r_i\}$ celles décrivant les électrons. $\hat{V}$ est l'opérateur énergie potentielle et prend en compte toutes les interactions existant entre les noyaux, entre les électrons, ainsi qu'entre les noyaux et les électrons.

Il existe des solutions analytiques de cette équation pour quelques systèmes très simples et des solutions numériques exactes pour un nombre extrêmement réduit d'atomes et de molécules. Cependant, dans la plupart des cas, le recours à un certain nombre d'approximations s'avère absolument indispensable. C'est pourquoi les nombreuses approches visant à obtenir

des informations utiles sur tous ces systèmes sont en continuel développement [18]. Nous nous
intéresserons ici à la théorie de la fonctionnelle de densité (DFT, *Density Functional Theory*)
qui, parmi elles, a acquis aujourd'hui, grâce à son efficacité, ses lettres de noblesse.

La description précédente comporte un grand nombre de degrés de liberté, et la résolution
de l'équation 1.1 exige des moyens encore inexistants aujourd'hui. On peut les réduire en
s'intéressant, dans un premier temps, à l'état fondamental du système, à partir duquel de
nombreuses informations sont déjà accessibles. Celui-ci est obtenu en résolvant l'équation de
Schrödinger indépendante du temps :

$$\hat{H}\,\Psi\left(\{R_I\},\{r_i\}\right) = E\Psi\left(\{R_I\},\{r_i\}\right) \tag{1.3}$$

où E est l'énergie de l'état fondamental, décrit par Ψ.

D'autre part, les problèmes auxquels nous nous intéressons ici ne font pas intervenir les
degrés de liberté internes des noyaux. En outre, ces derniers s'étendent sur une échelle plusieurs
ordres de grandeur plus petite que celle des électrons et concentrent l'essentiel de la masse,
ce qui les rend beaucoup plus lents que les électrons. Par conséquent, il est possible de les
considérer comme ponctuels et de les traiter de manière classique : c'est l'**approximation de
Born-Oppenheimer**, qui réduit de manière significative le nombre de variables nécessaires
pour décrire la fonction Ψ. En outre, tous les termes de l'hamiltonien impliquant les noyaux sont
éliminés. Les électrons sont alors supposés suivre de manière quasi-instantanée les mouvements
de ces derniers. Cette approximation ne suffit cependant pas à elle seule à permettre la résolution
de l'équation de Schrödinger, à cause de la complexité des interactions électron-électron. C'est
pourquoi elle est très souvent couplée à l'**approximation de Hartree** [19], qui considère les
électrons comme indépendants, chacun d'eux évoluant dans le champ créé par tous les autres.
À chaque électron correspond une orbitale et la fonction d'onde totale s'écrit comme un produit
de fonctions d'onde à une particule, orthogonales entre elles :

$$\Psi\left(\{R_I\},\{r_i\}\right) = \psi_1(r_1)...\psi_{N_e}(r_{N_e}) \tag{1.4}$$

En exprimant Ψ à l'aide d'un déterminant de Slater, l'approximation de Hartree-Fock
[20–22] tient compte plus finement des interactions. Toute une catégorie de méthodes, dites
d'interaction de configurations (CI, *Configuration Interaction*), s'est construit sur cette base.
Elles expriment la fonction Ψ à l'aide d'une combinaison linéaire de déterminants, faisant
apparaître les effets de corrélation entre électrons, absents dans l'approximation de Hartree-
Fock. Leur objectif est d'aboutir à une solution numérique exacte de l'équation de Schrödinger.
Malheureusement, le nombre de configurations augmente très rapidement avec le nombre
d'électrons mis en jeu, ce qui limite la portée de ces calculs à de tous petits systèmes. Pour les
agrégats CuO_n, lorsque ce travail a débuté, seuls des systèmes comportant au plus trois atomes

avaient été considérés [23]. Ces limitations ont été contournées en partie par la DFT, où c'est
à partir de la densité électronique, et non des fonctions d'onde, que l'équation de Schrődinger
est résolue. En contrepartie, l'accès aux termes d'échange et corrélation est perdu. Seule une
réintroduction explicite permet de les prendre en compte, et la qualité de cette prise en compte
constitue même la pierre d'angle sur laquelle les succès de la DFT sont bâtis.

1.2 Principes

La DFT s'est donné pour but de déterminer, à l'aide de la seule connaissance de la densité
électronique, les propriétés de l'état fondamental d'un système composé d'un nombre fixé
d'électrons, en interaction coulombienne avec des noyaux ponctuels. Elle repose sur deux
théorèmes fondamentaux, démontrés par HOHENBERG et KOHN [24] :
- l'énergie de l'état fondamental est une fonctionnelle unique de la densité électronique
  $\rho(\mathbf{r})$;
- pour un potentiel $\hat{V}$ et un nombre d'électrons N_e donnés, le minimum de l'énergie totale
  du système correspond à la densité **exacte** de l'état fondamental (principe variationnel).
Tout le problème consiste à déterminer cette fonctionnelle.

Peu de temps après la formulation des lois de la mécanique quantique, THOMAS et
FERMI avaient déjà essayé d'exprimer l'énergie totale en fonction de la densité ρ [25, 26].
Le point faible de cette démarche résidait cependant dans l'expression de l'énergie cinétique en
l'absence d'orbitales, et ne lui permettait pas d'atteindre une précision satisfaisante. Après une
quarantaine d'années d'efforts, c'est finalement l'approche de KOHN et SHAM [27] qui s'est
imposée, car le seul terme qu'elle laisse indéterminé est le plus petit de l'énergie totale : le
terme d'échange-corrélation [28]. Elle comporte deux étapes :
- les orbitales sont réintroduites afin de traiter le terme d'énergie cinétique $\hat{T}_e$ de manière
  exacte ;
- le système étudié est redéfini par rapport à un système d'électrons sans interaction et
  de même densité $\rho(\mathbf{r})$, de façon à faire apparaître les termes d'interaction comme des
  « corrections » aux autres termes.
Si le spin des électrons n'est pas considéré, la densité s'écrit comme une somme sur les N_{occ}
états occupés :

$$\rho(\mathbf{r}) = \sum_{i=1}^{N_{occ}} f_i \mid \psi_i(\mathbf{r}) \mid^2 \text{ , avec } \sum_{i=1}^{N_{occ}} f_i = N_e \qquad (1.5)$$

où f_i, qui peut être fractionnaire [29], est le nombre d'occupation de l'orbitale i. Pour traiter les
systèmes polarisés en spin, il suffit de séparer la sommation de l'équation 1.5 en deux parties,

l'occupation de chaque orbitale étant désormais fixée à 1 [30] :

$$\rho(\mathbf{r}) = \rho_\uparrow(\mathbf{r}) + \rho_\downarrow(\mathbf{r}) = \sum_{i=1}^{N_e^\uparrow} \mid \psi_i^\uparrow(\mathbf{r}) \mid^2 + \sum_{i=1}^{N_e^\downarrow} \mid \psi_i^\downarrow(\mathbf{r}) \mid^2 \tag{1.6}$$

où $\rho_\uparrow$ et $\rho_\downarrow$ désignent respectivement les densités associées aux états de spin *up* (↑) et *down* (↓), avec $N_e^\uparrow + N_e^\downarrow = N_e$. Parallèlement, on peut définir la polarisation locale relative :

$$\zeta(\mathbf{r}) = \frac{\rho_\uparrow(\mathbf{r}) - \rho_\downarrow(\mathbf{r})}{\rho(\mathbf{r})} \tag{1.7}$$

afin d'étudier les propriétés magnétiques des systèmes considérés. Au niveau de l'énergie, la prise en compte du spin modifie uniquement la forme analytique du terme d'échange-corrélation, car il est le seul à traduire des effets dépendant du spin.

Dans le cas où la position des N_a noyaux est fixée, l'énergie totale du système peut alors s'exprimer de la manière suivante :

$$\begin{aligned} E_{tot}^{KS} &= \underbrace{\sum_i \left\langle \psi_i \left| \frac{-\nabla^2}{2} \right| \psi_i \right\rangle}_{T_e^0} + \underbrace{\frac{1}{2} \int d\mathbf{r} d\mathbf{r}' \frac{\rho(\mathbf{r})\rho(\mathbf{r}')}{\mid \mathbf{r} - \mathbf{r}' \mid}}_{E_H} \\ &- \underbrace{\int d\mathbf{r}\, \rho(\mathbf{r}) \sum_{I=1}^{N_a} \frac{Z_I}{\mid \mathbf{r} - \mathbf{R_I} \mid} - \sum_{I<J} \frac{Z_I Z_J}{\mid \mathbf{R_I} - \mathbf{R_J} \mid}}_{E_{ext}} \\ &+ \ E_{xc}[\rho] \end{aligned} \tag{1.8}$$

où T_e^0 est l'énergie cinétique du système d'électrons sans interaction, E_H désigne le terme de Hartree, E_{ext} inclut l'interaction coulombienne des électrons avec les noyaux et celle des noyaux entre eux, et où le terme d'échange-corrélation $E_{xc}[\rho]$ comprend la déviation de l'énergie cinétique et les corrections au terme de Hartree, toutes deux dues aux corrélations entre électrons. Les termes Z_I et Z_J désignent la charge des noyaux. Déterminer l'état fondamental du système revient alors à résoudre, de manière auto-cohérente, un ensemble d'équations aux valeurs propres appelées **équations de Kohn-Sham** :

$$\underbrace{\left[-\frac{\nabla^2}{2} + V_H(\mathbf{r}) + V_{ext}(\mathbf{r}) + V_{xc}(\mathbf{r}) \right]}_{\mathcal{H}^{KS}} \mid \psi_i \rangle = \epsilon_i \mid \psi_i \rangle,\ i = 1, ..., N_e \tag{1.9}$$

avec :

$$V_H(\mathbf{r}) = \frac{\delta E_H}{\delta \rho(\mathbf{r})} = \int d\mathbf{r}' \frac{\rho(\mathbf{r}')}{\mid \mathbf{r} - \mathbf{r}' \mid} \tag{1.10}$$

et

$$V_{ext}(\mathbf{r}) = \frac{\delta E_{ext}}{\delta \rho(\mathbf{r})} = -\sum_{I=1}^{N_a} \frac{Z_I}{\mid \mathbf{r} - \mathbf{R_I} \mid} \tag{1.11}$$

et également

$$V_{xc}(\mathbf{r}) = \frac{\delta E_{xc}}{\delta \rho(\mathbf{r})} \qquad (1.12)$$

Dans les équations 1.9, ϵ_i représente l'énergie propre associée à l'orbitale ψ_i.

Lorsque le spin est pris en compte, l'énergie d'échange-corrélation $E_{xc}[\rho]$ devient $E_{xc}[\rho_\uparrow, \rho\downarrow]$, et pour chaque valeur $\sigma \in \{\uparrow, \downarrow\}$ du spin, le potentiel correspondant s'écrit :

$$V_{xc}^\sigma(\mathbf{r}) = \frac{\delta E_{xc}}{\delta \rho_\sigma(\mathbf{r})} \qquad (1.13)$$

Les équations de Kohn-Sham doivent être résolues en respectant des contraintes d'orthonormalisation des fonctions d'onde :

$$\int d\mathbf{r} \; \psi_i^\star(\mathbf{r}) \psi_j(\mathbf{r}) = \delta_{ij} \qquad (1.14)$$

La somme des trois termes $V_H + V_{ext} + V_{xc}$ constitue un potentiel effectif V_{eff} qu'on peut qualifier de local, car il ne dépend que de $\mathbf{r}$. Il est toutefois important de noter qu'il n'en dépend pas moins de la densité dans tous les autres points de l'espace et que sa détermination est loin d'être une opération triviale.

Le problème connu sous le nom de *self-interaction*, qui résulte de l'utilisation de fonctions d'onde indépendantes, est aussi un point important à mentionner. Du fait que la densité amalgame tous les électrons, le terme de Hartree de l'énergie (éq. 1.8) contient des termes en trop : **tout se passe comme si chaque électron était en interaction coulombienne avec lui-même**, en plus des autres. Ce problème peut être circonvenu dans de très nombreux cas [31], mais pas de manière satisfaisante pour les atomes et les molécules [32].

À ce stade, tous les termes de l'énergie, et leur potentiel associé, peuvent être évalués, excepté le terme d'échange-corrélation, sur lequel nous allons maintenant porter notre attention.

1.3 Échange et corrélation

1.3.1 Position du problème

La densité électronique, puisqu'elle est définie à partir d'un point de vue de type « particules indépendantes », ne suffit pas pour étudier en détail les effets d'échange-corrélation. Pour cela, il faut également s'intéresser à la densité de paires, qui peut être vue comme la probabilité de trouver deux électrons en interaction dans deux éléments de volume donnés. On peut la définir de la manière suivante :

$$\rho_2(\mathbf{r}, \mathbf{r}') = \rho(\mathbf{r}) \rho(\mathbf{r}') \left(1 + f(\mathbf{r}, \mathbf{r}')\right) \qquad (1.15)$$

La fonction f est appelée facteur de corrélation et traduit le fait que les électrons interagissent. Le cas $f(\mathbf{r}, \mathbf{r}') = 0$ correspond à l'absence d'interaction et conduit à l'apparition du problème de *self-interaction*, puisque ρ_2 se somme alors à N_e^2 au lieu de $N_e(N_e - 1)$ (qui correspond au nombre d'interactions entre électrons possibles).

Dans le cas général, les effets dus aux interactions entre électrons sont de trois sortes. L'effet d'échange, encore appelé corrélation de Fermi, résulte de l'antisymétrie de la fonction d'onde totale Ψ. Il correspond au fait que deux électrons de même spin ont une probabilité nulle de se trouver au même endroit, et se manifeste au niveau de la densité de paires par la relation $\rho_2(\mathbf{r}, \mathbf{r}) = 0$. Cet effet est directement relié au principe de Pauli et ne fait absolument pas intervenir la charge de l'électron. Il est à noter qu'il n'a pas lieu pour des électrons de spin opposé. L'approximation de Hartree-Fock le prend en compte de manière naturelle, à cause de l'antisymétrie du déterminant de Slater représentant Ψ.

La corrélation de Coulomb est due à la charge de l'électron. Elle est reliée à la répulsion des électrons en $\frac{1}{|\mathbf{r}-\mathbf{r'}|}$. Contrairement à l'effet d'échange, elle est indépendante du spin. L'approximation de Hartree-Fock néglige cet effet de corrélation. Pour être correctement pris en compte, ce dernier nécessite l'utilisation d'un grand nombre de déterminants de Slater pour décrire la fonction Ψ, ce qui est fait à des degrés divers dans les méthodes de type CI.

Le troisième effet provient du fait que les fonctions d'onde électroniques sont formulées en termes de particules indépendantes. Il s'agit de la correction de *self-interaction*, qui doit conduire à un comptage correct du nombre de paires d'électrons.

De par sa définition même, l'approche de Kohn-Sham impose au terme d'échange-corrélation de prendre en charge, en plus de tout cela, la correction du terme d'énergie cinétique. En effet, même si la densité du système fictif considéré est la même que celle du système réel, l'énergie cinétique déterminée est différente de l'énergie cinétique réelle, à cause de l'indépendance artificielle des fonctions d'onde.

Afin d'inclure avec précision les effets d'échange-corrélation dans l'énergie totale et le potentiel effectif, la DFT s'est dotée d'un outil très pratique : **le trou d'échange-corrélation**. Il sert à traduire la diminution de densité électronique dans tout l'espace entraînée par la présence d'un électron en un point particulier. Il est défini par l'expression :

$$h_{xc}(\mathbf{r}, \mathbf{r'}) = \frac{\rho_2(\mathbf{r}, \mathbf{r'})}{\rho(\mathbf{r})} - \rho(\mathbf{r'}) \tag{1.16}$$

où le premier terme représente la probabilité conditionnelle (notée $P(\mathbf{r'} \mid \mathbf{r})$ dans la suite) de trouver un électron en $\mathbf{r'}$ sachant qu'il y en a déjà un en $\mathbf{r}$. Puisqu'il traduit une diminution de la densité électronique, le trou d'échange-corrélation est habituellement négatif.

Par définition, le trou d'échange-corrélation vérifie la relation suivante :

$$\int d\mathbf{r'} \, h_{xc}(\mathbf{r}, \mathbf{r'}) = -1 \tag{1.17}$$

puisqu'il est censé corriger le problème de *self-interaction* ; la distribution de charge du trou
contient en effet exactement un électron. Cette règle montre par ailleurs que plus le trou est
profond, et plus il est localisé [33]. Tout se passe en fait comme si un électron « creusait un
fossé » autour de lui afin d'empêcher les autres d'approcher.

Pour déterminer de quelle manière l'énergie d'échange-corrélation est reliée à ce trou, il
faut revenir à la définition de l'énergie d'interaction électrostatique :

$$E_{el} = \frac{1}{2} \int d\mathbf{r} d\mathbf{r}' \frac{\rho_2(\mathbf{r}, \mathbf{r}')}{|\mathbf{r} - \mathbf{r}'|} \qquad (1.18)$$

soit en fonction de h_{xc} :

$$E_{el} = \frac{1}{2} \int d\mathbf{r} d\mathbf{r}' \frac{\rho(\mathbf{r})\rho(\mathbf{r}')}{|\mathbf{r} - \mathbf{r}'|} + \frac{1}{2} \int d\mathbf{r} d\mathbf{r}' \frac{\rho(\mathbf{r})h_{xc}(\mathbf{r}, \mathbf{r}')}{|\mathbf{r} - \mathbf{r}'|} \qquad (1.19)$$

On reconnait dans le premier terme l'énergie de Hartree. Le deuxième terme, qui correspond
exactement à l'énergie d'échange-corrélation, peut être vu comme l'interaction de chaque
électron avec la distribution de charge de son trou d'échange-corrélation, et prend en compte
tous les effets énumérés précédemment. L'intérêt du trou d'échange-corrélation apparaît
dès lors évident : mieux on connaîtra ses caractéristiques, et plus les modèles développés
s'approcheront de la réalité.

L'approche conventionnelle consiste à traiter séparément l'échange et la corrélation. À cet
effet, h_{xc} est divisé en deux contributions :

$$h_{xc}(\mathbf{r}, \mathbf{r}') = h_x^{\sigma_1 = \sigma_2}(\mathbf{r}, \mathbf{r}') + h_c^{\sigma_1, \sigma_2}(\mathbf{r}, \mathbf{r}') \qquad (1.20)$$

h_x désigne la partie échange, h_c la partie corrélation et les σ_i correspondent aux spins
considérés. La raison d'être de cette séparation est purement pratique : le premier terme, h_x, peut
être obtenu dans l'approximation de Hartree-Fock. De plus, de par son origine (l'antisymétrie
de Ψ), ce terme est prédominant, et par la définition même de la probabilité conditionnelle
$P(\mathbf{r}' \mid \mathbf{r})$, on a :

$$\int d\mathbf{r}' \, h_x(\mathbf{r}, \mathbf{r}') = -1 \qquad (1.21)$$

ce qui signifie que la correction à la *self-interaction* est apportée par le trou d'échange. On peut
aussi ajouter que la distribution de charge qui lui est associée possède *a priori* une symétrie
relativement basse, puisque sa forme dépend de la densité électronique.

Le trou de corrélation h_c possède des caractéristiques différentes. À cause des équations
1.17 et 1.21, il vérifie nécessairement :

$$\int d\mathbf{r}' \, h_c(\mathbf{r}, \mathbf{r}') = 0 \qquad (1.22)$$

Par conséquent, et contrairement à h_x qui est toujours négatif, h_c va changer de signe lorsqu'on va s'éloigner des électrons. Il va être négatif aux abords des électrons, puisque l'interaction coulombienne présente un caractère répulsif, mais va changer de signe, une ou plusieurs fois, à partir d'une certaine distance, afin d'assurer la nullité de l'intégrale.

Il est important de noter que ni le trou d'échange, ni le trou de corrélation n'ont une signification physique. **Seul le trou d'échange-corrélation total correspond à un concept physique** [34].

Dans l'approche de Kohn-Sham, la correction d'énergie cinétique doit être intégrée au trou d'échange-corrélation. Cette opération est accomplie en « connectant » le système d'électrons sans interaction avec le système réel. Dans ce but, l'interaction coulombienne est paramétrée :

$$V_H^\lambda(\mathbf{r}) = \int d\mathbf{r} \, \rho(\mathbf{r}') \frac{\lambda}{|\mathbf{r} - \mathbf{r}'|} \qquad (1.23)$$

et l'on fait varier progressivement le paramètre d'interaction λ de 0 jusqu'à 1. Pour chaque valeur de λ, l'hamiltonien du système est adapté de manière à ce que la densité électronique demeure égale à celle du système réel, afin de rendre celle-ci indépendante de λ. Ainsi les deux systèmes extrêmes sont-ils connectés par un continuum purement artificiel de systèmes dans lesquels les électrons interagissent partiellement : **c'est la connexion adiabatique**[1].

On peut ensuite se servir de cette connexion pour déterminer l'énergie d'échange-corrélation :

$$
\begin{aligned}
E_{xc}^{\lambda=1} - E_{xc}^{\lambda=0} &= \int_0^1 dE_{xc}^\lambda \\
&= \int_0^1 d\lambda \, \frac{1}{2} \int d\mathbf{r}' \, \frac{\rho(\mathbf{r}) h_{xc}^\lambda(\mathbf{r}, \mathbf{r}')}{|\mathbf{r} - \mathbf{r}'|} \qquad (1.24) \\
&= \frac{1}{2} \int d\mathbf{r}' \, \frac{\rho(\mathbf{r}) \bar{h}_{xc}(\mathbf{r}, \mathbf{r}')}{|\mathbf{r} - \mathbf{r}'|}
\end{aligned}
$$

avec :

$$\bar{h}_{xc}(\mathbf{r}, \mathbf{r}') = \int_0^1 d\lambda \, h_{xc}^\lambda(\mathbf{r}, \mathbf{r}') \qquad (1.25)$$

Tout ceci nous donne un schéma de principe pour déterminer les termes d'échange-corrélation, puisque la connaissance de $\bar{h}_{xc}$ nous mène directement à l'énergie, puis au potentiel d'échange-corrélation. La détermination *ab initio* du trou d'échange-corrélation n'est malheureusement possible que dans des cas triviaux. Le calcul de l'énergie et du potentiel d'échange-corrélation doit donc reposer sur un certain nombre d'approximations [28]. En pratique, on pourra se servir de la sommation de l'équation 1.21 pour contrôler la qualité de

---

[1]Qualificatif emprunté à la thermodynamique, à cause de la ressemblance de la présente démarche avec cette dernière.

l'approximation utilisée pour l'échange. Le terme de corrélation semble *a priori* beaucoup plus complexe à traiter, à cause de sa topologie à six dimensions (trois coordonnées par électron). Néanmoins, en tenant compte de la symétrie sphérique de l'interaction coulombienne, une bonne approximation du trou de corrélation pourra se contenter, dans un premier temps, de reproduire les propriétés de la moyenne sphérique de ce trou, déjà moins complexe. Nous allons parcourir, dans la suite, quelques-unes des voies qui ont été explorées.

1.3.2   Approximation de densité locale

L'**approximation de densité locale** (LDA, *Local Density Approximation*, ou LSDA, *Local Spin-Density Approximation*) est l'approximation sur laquelle reposent pratiquement toutes les approches actuellement employées. Elle est basée sur le fait que, dans le cas d'un gaz d'électrons homogène, l'énergie d'échange-corrélation exacte par particule peut être déterminée à l'aide de calculs Monte-Carlo quantiques variationnels (VQMC, *Variational Quantum Monte-Carlo*) [35]. C'est une approximation assez radicale, car elle consiste à utiliser directement ce résultat en tant que densité d'énergie dans le cas général, ce qui revient à négliger les effets des variations de la densité. En d'autres termes, elle repose sur l'hypothèse que les termes d'échange-corrélation ne dépendent que de la valeur locale de $\rho(\mathbf{r})$. L'énergie d'échange-corrélation s'exprime alors de la manière suivante :

$$E_{xc}^{LDA} = \int d\mathbf{r} \, \rho(\mathbf{r}) \epsilon_{xc} \left[\rho_\uparrow, \rho_\downarrow \right] \tag{1.26}$$

où $\epsilon_{xc} \left[\rho_\uparrow, \rho_\downarrow \right]$ est l'énergie d'échange-corrélation par particule d'un gaz d'électrons uniforme, qui a été paramétrisée pour différentes valeurs de la densité électronique [36, 37].

On pourrait s'attendre à ce qu'une telle approximation, qui ne repose pas sur des critères physiques, ne donne des résultats corrects que dans des cas assez particuliers, où la densité ρ varie peu. L'expérience a montré qu'au contraire, elle permet d'obtenir dans de très nombreux cas une précision équivalente, voire meilleure, que l'approximation de Hartree-Fock [34].

Cette observation doit néanmoins être tempérée en plusieurs domaines. La LDA donne, par exemple, une très mauvaise estimation du *gap* des isolants et des semi-conducteurs (environ 100% d'erreur), ce qui n'est pas très surprenant, car cette grandeur ne relève que partiellement de l'état fondamental. Plus gênant est le fait qu'elle ne permet pas de corriger le problème de *self-interaction*. Il a été également noté que :

- les énergies de cohésion des solides sont systématiquement surestimées, et l'erreur augmente au fur et à mesure que la taille et/ou la dimensionnalité du système diminuent [38] ;
- les distances de liaison à l'équilibre sont toujours sous-estimées, souvent faiblement, mais l'erreur peut atteindre 10% dans les petits systèmes ;

- les fréquences de vibration des petits systèmes sont généralement surestimées, et l'erreur peut même avoisiner les 50% dans quelques cas pathologiques [39, 40] ;
- la stabilité des systèmes négativement chargés est sous-évaluée ; en particulier, les calculs prévoient des affinités électroniques négatives pour des ions stables en réalité, comme par exemple H^-, O^- ou F^- [38].

Si l'on rentre un peu plus dans le détail, on s'aperçoit que pour les atomes, la LDA sous-estime d'environ 10% le terme d'échange et surestime d'à peu près 100% le terme de corrélation. Cette erreur de 100% a été attribuée au fait que, contrairement au gaz uniforme où il intervient pour moitié, le terme de corrélation dans les systèmes finis est beaucoup plus faible pour les électrons de même spin que pour des électrons de spin opposé [41]. Par conséquent, en retranchant ce terme, il est possible de diminuer notablement l'erreur sur la corrélation. En pratique, celle-ci diminue d'un ordre de grandeur [42].

Puisque, mis à part la mésestimation du *gap*, toutes ces insuffisances concernent des propriétés de l'état fondamental, il est tout à fait possible, en principe, d'améliorer la qualité des résultats sans perdre les avantages que procure la DFT.

1.3.3   Approximations de gradient généralisé

La plupart des corrections à la LDA utilisées aujourd'hui sont nées de l'idée consistant à tenir compte des variations locales de la densité $\rho(\mathbf{r})$, à travers son gradient $\nabla\rho(\mathbf{r})$. À cet effet, la LDA a été réinterprétée comme le premier terme d'un développement en série de Taylor en fonction de ce gradient. Cette approche, appelée approximation de développement du gradient (GEA, *Gradient Expansion Approximation*), aurait dû améliorer les résultats obtenus par la LDA. En réalité, la mise en œuvre de cette approximation a abouti à des résultats désastreux, souvent moins bons que la LDA elle-même ! La raison en est que ce développement a fait perdre toute signification physique au trou d'échange-corrélation : les règles de somme n'étaient plus vérifiées et le trou d'échange pouvait devenir positif [34, 43]. Ces problèmes ont été contournés, d'une part en mettant à zéro tous les termes issus de la GEA qui ne permettaient pas au trou d'échange de rester partout négatif, et d'autre part en imposant aux trous d'échange et de corrélation le respect des règles de sommation exposées précédemment. Les fonctionnelles qui en ont résulté ont été appelées **approximations de gradient généralisé** (GGA, *Generalized Gradient Approximations*). En pratique, elles traitent séparément la partie échange et la partie corrélation. Leur formulation est basée uniquement sur des principes mathématiques. On notera en particulier qu'elles ne peuvent apporter en elles-mêmes aucune aide à la compréhension des principes physiques sous-jacents [28, 34, 44].

Correction du terme d'échange

Dans le cadre des GGA, l'énergie d'échange peut être écrite de la manière suivante :

$$E_x^{GGA} = E_x^{LDA} - \sum_\sigma \int d\mathbf{r} \, \rho_\sigma(\mathbf{r})^{4/3} F_x(x_\sigma) \tag{1.27}$$

avec :

$$x_\sigma = \frac{\mid \nabla \rho_\sigma \mid}{\rho_\sigma^{4/3}} \tag{1.28}$$

Le terme x_σ représente, pour le spin σ, le gradient de densité réduit. La présence de la puissance $4/3$ au dénominateur pour ρ_σ est là pour lui conférer un caractère adimensionnel. Ce paramètre peut être vu comme une mesure locale de l'inhomogénéité du système, et peut prendre des valeurs importantes à la fois pour un gradient important et aussi lorsque la densité est proche de zéro (e.g. dans la queue exponentielle loin des noyaux). D'un autre côté, les gradients et les densités élevées aux alentours des noyaux conduisent à des valeurs modérées de x_σ [34]. Nous allons nous contenter ici d'expliciter la fonction $F_x(x_\sigma)$ pour les deux types de GGA que nous avons utilisées :

– celle développée par BECKE en 1988 [32], que nous noterons dans toute la suite **B88** et que nous avons utilisée pour modéliser l'hydroxynitrate de cuivre ;
– celle due à PERDEW et WANG en 1991 [37], que nous noterons dans toute la suite **PW91** et qui nous a servi à étudier les agrégats CuO_n.

L'expression de la correction B88 est la suivante :

$$F_x(x_\sigma) = \frac{x_\sigma^2}{1 + 6\beta x_\sigma \sinh^{-1} x_\sigma} \tag{1.29}$$

Cette fonctionnelle a été conçue spécifiquement pour reproduire correctement le comportement asymptotique du terme d'échange loin des systèmes finis. Elle a servi de base à de nombreuses autres fonctionnelles, y compris la PW91 que nous allons examiner ensuite. Le paramètre β est déterminé ici de manière à reproduire au mieux les énergies d'échange exactes des gaz rares, obtenues à partir de calculs de type Hartree-Fock. La valeur qui minimise l'erreur selon la méthode des moindres carrés est $\beta = 0{,}0042$ u.a. [32].

Le point fort de cette approche est qu'elle ne repose que sur un seul paramètre. Utilisée seule, la correction B88 montre déjà un net progrès par rapport à la LDA en ce qui concerne l'estimation des énergies. En outre, le caractère prédominant de l'échange et la complexité du trou de corrélation ont conduit BECKE à ne pas se préoccuper de ce dernier lorsqu'il a formulé cette correction.

PERDEW et WANG ont considéré le problème d'une manière différente. Ils ont tout d'abord décomposé l'énergie d'échange-corrélation en deux termes distincts :

$$E_x^{PW91}[\rho_\uparrow, \rho_\downarrow] = \frac{1}{2}\left(E_{x,\uparrow}^{PW91}[2\rho_\uparrow] + E_{x,\downarrow}^{PW91}[2\rho_\downarrow] \right) \tag{1.30}$$

puisque la partie échange ne concerne que les électrons de même spin. Chaque terme est ensuite
déterminé selon l'équation 1.27. La fonction :

$$F_x(x_\sigma) = \frac{1 + 0,19645x_\sigma\, sinh^{-1}(7,7956x_\sigma) + (0,2743 - 0,1508e^{-100x_\sigma^2})x_\sigma^2}{1 + 0,19645x_\sigma\, sinh^{-1}(7,7956x_\sigma) + 0,004x_\sigma^4} \qquad (1.31)$$

avec :

$$x_\sigma = \frac{1}{2(3\pi^2)^{1/3}} \frac{\mid \nabla\rho_\sigma \mid}{\rho_\sigma^{4/3}} \qquad (1.32)$$

utilisée est un raffinement par rapport à celle proposée par BECKE. Le paramètre x_σ est défini de
manière légèrement différente mais suit la même optique. L'approximation PW91 se distingue
de B88 principalement par le fait qu'elle traite l'échange et la corrélation dans un même cadre.

Correction de la corrélation

Comme nous l'avons déjà évoqué, les corrections du terme de corrélation sont beaucoup
plus complexes à formuler que celles au terme d'échange. De plus, même si leur influence
sur les propriétés structurales et électroniques des systèmes étudiés est beaucoup moins
significative que celle de l'échange, il n'en demeure pas moins que leur prise en compte
se révèle absolument indispensable à l'obtention de résultats quantitativement satisfaisants.
Dans le cadre de cet exposé, nous nous limiterons toutefois à des considérations qualitatives,
car l'expression analytique de ces corrections, particulièrement complexe, n'aide en rien à
une meilleure compréhension des principes physiques sur lesquels elles reposent. Les deux
approximations dont nous allons présenter brièvement les principales caractéristiques tiennent
compte toutes deux de la polarisation locale ζ, mais pas de son gradient. Les fonctionnelles
utilisées sont de la forme $F_c(\rho, \nabla\rho, \zeta)$.

La correction au terme de corrélation que nous avons utilisée pour le composé solide
$Cu_2(OH)_3(NO_3)$ a été développée par PERDEW en 1986 [45], et sera notée **P86** dans la suite.
Elle est souvent associée à l'approximation B88 pour l'échange (ce qui est notre cas). Ainsi
l'abréviation B88P86 désignera-t-elle cette association. La formulation de l'approximation
P86 repose sur la modification d'une fonctionnelle proposée originellement par LANGRETH
et MEHL [46], qui ne faisait pas une séparation adéquate de l'échange et de la corrélation et ne
permettait pas de modéliser les métaux [45]. Le but poursuivi par PERDEW et ses collaborateurs
était de prédire les énergies de corrélation avec précision dans le cas des atomes, des molécules
et, si possible, des surfaces métalliques.

L'approximation PW91, qui corrige à la fois l'échange et la corrélation, est plus raffinée
dans sa formulation. Elle a été conçue pour reproduire les propriétés du trou d'échange-
corrélation à la fois dans les limites de faible et forte densité et aussi dans les métaux [47]. Les
valeurs des coefficients numériques ont été déterminées avec plus de précision et les données

obtenues sur le gaz d'électrons homogène on été reparamétrées [37]. Cette approximation a été testée pour des atomes, des molécules, des solides et des surfaces [48, 49]. Ceci a permis de démontrer son efficacité dans de très nombreux cas et a mis en évidence la nécessité de disposer de l'échange exact dans le cas des surfaces.

1.3.4 Développements ultérieurs : fonctionnelles hybrides

Lorsqu'ils avaient proposé leur approche en 1965, KOHN et SHAM avaient déjà mentionné l'intérêt que pourrait avoir un traitement exact de l'échange. Ils avaient établi une expression formelle de l'énergie d'échange-corrélation basée sur l'approximation de Hartree-Fock pour l'échange, le terme de corrélation restant inchangé par rapport à la LDA. Ils avaient aussi noté que le potentiel effectif aurait, grâce à l'utilisation de cette fonctionnelle hybride, un comportement asymptotique correct (en $-1/r$) loin de l'atome [27]. Cette idée s'est montrée efficace pour traiter les atomes, mais a conduit à des résultats décevants sur les molécules. Les GGA parvenaient dans l'immense majorité des cas à une meilleure précision. La raison de cet échec est le caractère artificiel de la séparation des termes d'échange et de corrélation : en combinant un trou d'échange non local (Hartree-Fock) avec un trou de corrélation local (LDA), l'autocohérence de la description du trou total a été perdue [34].

Une solution pourrait consister à reformuler la séparation échange/corrélation. En incluant les effets de corrélation à longue portée dans le terme d'échange, il serait en principe possible de compenser le fait que la LDA et les GGA ne tiennent compte que des effets de corrélation à courte portée. Une telle opération pourrait être réalisée en utilisant plusieurs déterminants de Slater pour décrire la fonction Ψ. Cela demanderait cependant un temps de calcul beaucoup plus important et il n'est pas exclu que certains effets pourraient être comptés deux fois [34].

BECKE a choisi d'utiliser différemment l'échange exact, en incluant seulement une partie de celui-ci dans l'énergie d'échange-corrélation. Il a proposé à cet effet une expression à trois paramètres, que nous désignerons **B3** :

$$E_{xc} = E_{xc}^{LSDA} + a_0 \left(E_x^{exact} - E_x^{LSDA} \right) + a_x \Delta E_x^{B88} + a_c \Delta E_c^{PW91} \tag{1.33}$$

où les coefficients a_0, a_x et a_c sont déterminés de manière semi-empirique, par un ajustement sur des données expérimentales. E_x^{exact} représente ici l'énergie d'échange **exacte**, obtenue à partir d'un calcul Hartree-Fock.

Dans le premier terme correctif, la valeur du coefficient a_0 peut être reliée au caractère « particules indépendantes » du système. Les deux termes suivants permettent d'optimiser les contributions des corrections de gradient, à la fois pour l'échange et la corrélation. À ce titre, l'équation 1.33 représente la manière la plus simple de prendre en compte l'échange exact et de retrouver la limite du gaz d'électrons uniforme [50].

Grâce à cette approximation, la précision sur les énergies est encore meilleure que lorsqu'on utilise les corrections de gradient généralisées. C'est aujourd'hui une variante de cette approche, faisant appel à l'approximation de LEE, YANG et PARR (LYP) [51] plutôt qu'à celle de PERDEW et WANG, et connue sous le nom de B3LYP, qui est la plus populaire. Elle donne des résultats remarquablement précis pour un grand nombre de systèmes [34]. Il a également été montré qu'elle permet, contrairement aux GGA, de décrire correctement les propriétés magnétiques de composés moléculaires de métaux de transition et de ligands [17]. Elle est tout de même loin de mettre un point final au problèmes liés à l'échange et à la corrélation en DFT. À titre d'exemple, il vient d'être démontré qu'elle ne permettait pas de décrire correctement les impuretés d'aluminium dans la silice, du fait qu'elle ne corrige que partiellement le problème de *self-interaction* [52].

Un certain nombre de voies sont actuellement explorées afin de retirer un maximum de bénéfices de l'échange exact. D'un côté, BECKE a construit de nouvelles fonctionnelles prenant en compte à la fois l'échange et la corrélation [53–56]. Selon lui, les fonctionnelles basées sur les GGA et incorporant une proportion déterminée d'échange exact sont arrivées à une limite [57]. D'autres fonctionnelles ont également été développées par PERDEW, BURKE et ERNZERHOF (PBE) sur des bases purement théoriques [58–61]. Leurs performances sont tout à fait comparables à celles des fonctionnelles semi-empiriques actuellement utilisées [62] et elles semblent très prometteuses pour l'étude des propriétés magnétiques [63]. Les développements actuels visent à corriger une bonne fois pour toutes le problème de *self-interaction* et considèrent des termes d'ordre plus élevé dans le développement du gradient de la densité électronique [64], constituant une étape nouvelle succédant aux GGA. De leur côté, HAMPRECHT, COHEN, TOZER et HANDY (HCTH) ont mis au point une fonctionnelle n'utilisant pas une fraction de l'échange exact mais qui donne de meilleurs résultats que B3LYP pour de nombreux systèmes, à la fois en ce qui concerne les énergies et les géométries [65]. Elle est basée sur la reparamétrisation d'une fonctionnelle proposée par BECKE [55] et a subi récemment des améliorations afin d'élargir son champ d'application [66].

Chapitre 2

Ondes planes et pseudopotentiels

2.1 Choix de la base pour les fonctions d'onde

Dans le domaine de la DFT, les ondes planes, associées à des conditions aux limites périodiques, sont très répandues, en particulier pour l'étude des solides, car elles satisfont par construction le théorème de Bloch. La décomposition en ondes planes consiste à exprimer les fonctions d'onde à l'aide de séries de Fourier :

$$\psi_n(\mathbf{k}, \mathbf{r}) = \sum_{\mathbf{G}} C_n(\mathbf{k}, \mathbf{G}) e^{i(\mathbf{k}+\mathbf{G}) \cdot \mathbf{r}}, \; n = 1, ..., N_e \qquad (2.1)$$

où $\mathbf{G}$ représente un vecteur dans l'espace réciproque et $\mathbf{k}$ un vecteur de la zone de Brillouin. Le nombre d'ondes planes N_{pw} peut être obtenu en principe à partir du nombre de vecteurs $\mathbf{G}$ et $\mathbf{k}$. En pratique, il est défini par le biais d'une énergie de coupure (ou *cutoff*) E_{cut}, qui représente l'énergie cinétique maximale prise en compte dans les calculs :

$$N_{pw} \approx N_k \times \frac{1}{2\pi^2} \Omega E_{cut}^{3/2} \qquad (2.2)$$

où N_k est le nombre de vecteurs $\mathbf{k}$ à l'aide desquels la zone de Brillouin est échantillonnée, et où Ω est le volume de la cellule de simulation.

L'obtention de la densité $\rho(\mathbf{r})$, qui est une opération locale dans l'espace réel (cf . éq. 1.6), correspond à un produit de convolution dans l'espace réciproque. Par conséquent, il faudra utiliser deux fois plus de vecteurs $\mathbf{G}$ pour l'évaluer dans l'espace réciproque, ce qui correspond, en termes d'énergie cinétique, à un *cutoff* 4 fois plus élevé et donc un nombre d'ondes planes 8 fois plus grand (cf. éq. 2.2). De fait, les différentes étapes de calcul utiliseront un nombre plus ou moins grand d'ondes planes, suivant qu'elles utilisent ou non la densité.

Dans le cas des systèmes finis, la zone de Brillouin se réduit à un point. On peut donc se limiter sans hésitation au point Γ ($\mathbf{k} = \mathbf{0}$). À ce point, les coefficients du développement en ondes planes vérifient la relation :

$$C_n(\mathbf{0}, -\mathbf{G}) = C_n^{\star}(\mathbf{0}, \mathbf{G}) \qquad (2.3)$$

23

ce qui ouvre la voie à une économie non négligeable de ressources : la taille de la base à prendre en compte est divisée par deux, puisqu'il n'est pas nécessaire de calculer explicitement les coefficients $c_n(0, -\mathbf{G})$.

Dans les solides, il est par contre nécessaire d'échantillonner la zone de Brillouin de manière plus ou moins fine. Néanmoins, lorsque les atomes sont immobiles, et pour des systèmes possédant un *gap*, l'utilisation d'une cellule de simulation correspondant à plusieurs mailles élémentaires peut remplacer cet échantillonnage [67] : c'est l'approche dite « de super-cellule » (*supercell approach*). Ce schéma alternatif revient en fait à dupliquer le point Γ à travers la zone de Brillouin, et ne peut donc fonctionner que si la bande de valence est relativement plate. Son application à des métaux est donc à exclure.

Les ondes planes combinent un certain nombre de caractéristiques intéressantes. Elles permettent tout d'abord l'usage massif des transformées de Fourier rapides (FFT), ce qui leur confère une grande efficacité d'utilisation, puisque ce type d'opération est implémenté avec un haut degré d'optimisation sur la quasi-totalité des machines. Il est également facile de contrôler la convergence des propriétés physiques obtenues par les calculs, tout simplement en augmentant le nombre d'ondes planes.

Malgré tout, ce nombre augmente très rapidement avec la localisation du système étudié. Il faut ajouter à cela qu'aucune différence n'est faite entre les régions où la densité électronique est importante et les régions quasiment vides, d'où une utilisation non optimale des ressources. De plus, à cause des conditions aux limites périodiques, il est nécessaire de prendre des précautions lorsqu'on souhaite étudier des molécules isolées et chargées ; la cellule de simulation doit alors être de taille suffisante, afin que le système en question ne soit pas trop perturbé par ses répliques périodiques. En pratique, la taille idéale est déterminée par la convergence des propriétés physiques calculées, c'est-à-dire lorsque les résultats des calculs deviennent indépendants du volume de la cellule de simulation.

Les bases localisées constituent une alternative aux ondes planes et sont bien adaptées à l'étude des propriétés électroniques et chimiques, mais leur mise en œuvre est beaucoup plus complexe et délicate. Pour obtenir le même niveau de précision, il faut beaucoup moins d'orbitales localisées que d'ondes planes. Malgré tout, il n'existe pas de manière bien définie d'améliorer la convergence. Enfin, l'utilisation de pseudopotentiels augmente grandement l'efficacité des schémas à ondes planes et permet de traiter les électrons localisés avec beaucoup moins de ressources.

2.2 Du potentiel aux pseudopotentiels

À l'aide des concepts développés au chapitre 1, il est déjà possible de définir un schéma de principe afin de déterminer l'état fondamental électronique d'un système quelconque. Le problème qui se pose est que les calculs deviennent de plus en plus coûteux au fur et à mesure que la taille des atomes augmente, à cause d'une part, de l'augmentation du nombre d'électrons, et d'autre part, du caractère localisé de certaines orbitales, comme par exemple les orbitales d. Le fait que les orbitales de Kohn-Sham doivent être orthogonales entre elles induit une augmentation importante de l'énergie cinétique maximale, c'est-à-dire du nombre d'ondes planes (cf. éq. 2.2), avec le nombre d'électrons. Dans ce cadre, certains éléments du tableau périodique vont pouvoir être modélisés avec beaucoup d'efficacité, tandis que d'autres, comme les éléments lourds ou les métaux de transition, vont nécessiter des moyens de calculs extrêmement puissants.

Or, dans l'écrasante majorité des cas, les électrons de valence sont les seuls à intervenir dans l'établissement des liaisons chimiques. Les électrons de cœur ne sont quasiment pas affectés par les changements d'environnement et demeurent inchangés par rapport à la situation de l'atome isolé. Cette considération permet de les regrouper avec les noyaux, pour constituer des ions rigides : **c'est l'approximation de cœur gelé** [68]. Ainsi tous les systèmes peuvent-ils être traités sur un pied d'égalité, quel que soit le nombre d'électrons des espèces en présence.

Afin de tenir compte des interactions qui ont perdu leur caractère explicite, le potentiel effectif dans les équations de Kohn-Sham doit être remplacé, pour chaque espèce, par un pseudopotentiel. Celui-ci inclut :
– l'interaction du noyau avec les électrons de cœur ;
– le potentiel de Hartree provenant des électrons de cœur ;
– une composante d'échange-corrélation due à l'interaction entre les électrons de cœur et de valence ;
– la prise en compte partielle, au besoin, des effets relativistes.

Par construction, un pseudopotentiel doit être additif : d'une part, il doit pouvoir être obtenu à partir de calculs sur l'atome, et d'autre part, le potentiel total doit être la somme des pseudoptentiels lorsque plusieurs atomes sont en présence. Il doit également être transférable, c'est-à-dire qu'on doit pouvoir utiliser le même pseudopotentiel dans des environnements chimiques différents. Enfin, il doit permettre une amélioration notable de l'efficacité des calculs, notamment par la réduction du nombre d'ondes planes nécessaires à la description des fonctions d'onde. Ces exigences constituent le fondement et le fil directeur de la construction des pseudopotentiels, ainsi que leur principaux critères de validation. C'est même grâce à elles que ceux-ci sont aussi versatiles.

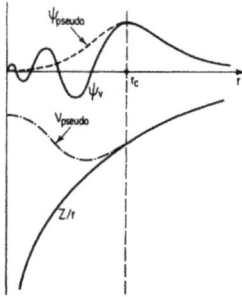

FIGURE 2.1: *Pseudisation des fonctions d'onde de valence et du potentiel (illustration tirée de la référence [69]). Les nœuds et les oscillations dues aux conditions d'orthonormalisation sont supprimés, ce qui permet de décrire les pseudo-fonctions d'onde avec un nombre réduit d'ondes planes.*

En pratique, les fonctions d'onde ψ_i^v représentant les électrons de valence sont remplacées par des pseudo-fonctions d'onde ψ_i^{ps} (cf. fig. 2.1). Autour de l'atome, à l'extérieur d'une sphère de rayon r_c, l'égalité $\psi_i^{ps}(\mathbf{r}) = \psi_i^v(\mathbf{r})$ est imposée. À l'intérieur de cette sphère, la forme de ψ_i^{ps} est choisie de manière à supprimer les nœuds et les oscillations dus à l'orthonormalisation des fonctions d'onde [69]. Les pseudo-fonctions d'onde ainsi obtenues parviennent en général à convergence avec beaucoup moins d'ondes planes que les fonctions d'onde de Kohn-Sham.

Le potentiel subit un traitement similaire. La singularité en $-1/r$ autour de l'atome est éliminée et la forme du pseudopotentiel est choisie de manière à ce que les pseudo-fonctions d'onde et les fonctions d'onde de valence aient les mêmes énergies propres [70]. L'interaction entre les électrons de valence et les ions comprend l'interaction coulombienne, écrantée par les électrons de cœur, des électrons de valence avec les noyaux, la répulsion cœur-valence due au principe de Pauli et le phénomène d'échange-corrélation. Elle est prise en compte par l'introduction d'une dépendance par rapport au moment orbital du pseudopotentiel [69, 71]. Le rayon r_c délimite la région du cœur. Plus ce rayon sera élevé, et plus les pseudo-fonctions d'onde et le pseudopotentiel seront lisses. Ils perdront cependant en précision, puisqu'ils risqueront de dévier des grandeurs dont ils sont issus à des distances intervenant dans la liaison chimique. La figure 2.1 illustre la « pseudisation » des fonctions d'onde et du potentiel.

La plupart des pseudopotentiels sont construits à partir de calculs sur l'atome impliquant tous les électrons (*all electrons*). Ceux que nous utilisons ont été établis à l'aide de la DFT, et dépendent par conséquent de l'approximation utilisée pour prendre en compte les effets d'échange-corrélation. Dans la majorité des cas, cette construction est basée sur l'hypothèse que les électrons de cœur et de valence ne se recouvrent pas. On suppose aussi que les orbitales associées aux électrons de cœur de différents atomes ne se recouvrent pas. Dans ce cas, on peut séparer les contributions des états de cœur et de valence dans tous les termes de l'énergie. En particulier, le terme d'échange-corrélation devient :

$$E_{xc}[\rho_c + \rho_v] = E_{xc}[\rho_c] + E_{xc}[\rho_v] \qquad (2.4)$$

où ρ_c et ρ_v désignent respectivement les densités électroniques partielles associées aux états de cœur et de valence [67].

Dans de très nombreux cas, la séparation électrons de cœur/de valence n'est cependant pas nettement tranchée. Les électrons 3d du cuivre, par exemple, sont fréquemment impliqués dans l'établissement des liaisons chimiques bien que la couche 3d soit complète. Il est alors possible de contourner ce problème grâce à la correction de cœur non-linéaire (NLCC, *non-linear core correction*). Celle-ci peut se montrer fort utile dans le cas des alcalins ou des métaux de transition. Elle consiste à pseudiser la densité de cœur avec un rayon de coupure plus petit que pour les électrons de valence (plus de détails sur cette correction sont disponibles dans les références [71] et [72]). Une autre possibilité consiste à inclure plus d'électrons parmi les électrons de valence. Bien que ne jouant aucun rôle apparent dans la liaison chimique, les électrons d'une couche complète peuvent néanmoins avoir une importance cruciale dans la transférabilité du pseudopotentiel [67]. C'est pourquoi, dans nos calculs, les électrons $2s$ de l'oxygène sont considérés comme des électrons de valence.

La construction d'un pseudopotentiel est guidée par la volonté d'obtenir les mêmes énergies propres pour l'atome qu'avec un calcul incluant tous les électrons. Par ailleurs, le pseudopotentiel ne doit pas diverger au voisinage du noyau, afin de ne pas faire apparaître de termes de fréquence élevée dans l'espace réciproque [70]. HAMANN, SCHLÜTER et CHIANG (HSC) [73], puis BACHELET, HAMANN et SCHLÜTER (BHS) [74], ont mis au point, dans ce contexte, une méthode qui garantit une description précise de la densité de charge de valence. Cette qualité correspond à la **conservation de la norme** : les pseudo-fonctions d'onde de valence ont une norme unité. Les pseudopotentiels associés ont été appelés **pseudopotentiels à norme conservée** (*norm-conserving pseudopotentials*).

De nombreux tests sont effectués afin de valider un pseudopotentiel. Ils consistent principalement à calculer d'autres états atomiques que l'état de référence, à déterminer un certain nombre de propriétés structurales et/ou électroniques de petites molécules, à mesurer les effets de la base utilisée, ou encore à simuler divers systèmes de référence (voir la référence [38] par exemple).

2.3 Pseudopotentiels à norme conservée

2.3.1 Construction

La première étape de la construction d'un pseudopotentiel consiste à déterminer les énergies propres et les états propres d'un atome isolé dans une configuration de référence, habituellement son état fondamental lorsque la charge totale est nulle. Une symétrie sphérique est ensuite imposée à toutes les grandeurs, réduisant les fonctions d'onde et le potentiel effectif V_{eff} à leur partie radiale [70, 71], puis les pseudo-fonctions d'onde sont construites, en utilisant par exemple la méthode de Hamann [75] ou de Troullier et Martins [15,76]. Le schéma de Hamann, qui est considéré comme « minimal », requiert :

- que les pseudo-fonctions d'onde aient les mêmes énergies propres que les fonctions d'onde de valence ;
- que leurs dérivées logarithmiques (et donc les potentiels correspondants) soient égales, pour chaque moment orbital l, au-delà du rayon de coupure choisi r_{cl} ;
- que les pseudo-fonctions d'onde ne présentent aucun nœud.

Afin que le pseudopotentiel soit régulier à l'origine, les pseudo-fonctions d'onde doivent être deux fois dérivables et vérifier $\psi_l^{ps}(r) \underset{r \to 0}{\sim} r^{l+1}$ [71].

La méthode de Troullier et Martins impose des contraintes supplémentaires. Dans cette dernière, les pseudo-fonctions d'onde, pour chaque moment orbital l, ont la forme suivante dans la région du cœur :

$$\psi_l^{ps}(r) = r^{l+1} e^{p(r)} \tag{2.5}$$

avec

$$p(r) = c_0 + c_2 r^2 + c_4 r^4 + c_6 r^6 + c_8 r^8 + c_{10} r^{10} + c_{12} r^{12} \tag{2.6}$$

Les coefficients c_n sont déterminés à partir de :

- la conservation de la norme ;
- l'égalité des fonctions d'onde de valence et des pseudo-fonctions d'onde, ainsi que de leurs quatre premières dérivées pour $r = r_{cl}$;
- l'annulation de la dérivée première des pseudo-fonctions d'onde pour $r = 0$.

Cette approche permet d'obtenir des pseudopotentiels plus lisses pour les électrons 2p, 3d, 4d et 5d, ce qui lui confère un avantage pour l'étude des éléments comme l'oxygène et les métaux de transition. Dans les autres cas, les deux schémas donnent des performances très similaires [71]. Leurs principales différences résident dans le fait que la méthode de Hamann nécessite des rayons de coupure plus petits et que les pseudo-fonctions d'onde y approchent les fonctions d'onde de valence exponentiellement au-delà de r_{cl}, au contraire de la méthode de Troullier et Martins, dans laquelle l'égalité est stricte pour $r \geq r_{cl}$.

À partir de là, il est possible d'obtenir un pseudopotentiel intermédiaire « écranté », qui agit sur les pseudo-fonctions d'onde comme le potentiel effectif agit sur les fonctions d'onde de valence. Il suffit pour cela d'inverser l'équation de Schrödinger radiale :

$$V_l^{ps,scr}(r) = \epsilon_l^{ps} - \frac{l(l+1)}{2r^2} + \frac{1}{2\psi_l^{ps}(r)} \frac{d^2\psi_l^{ps}}{dr^2}(r) \tag{2.7}$$

Enfin, le pseudopotentiel correspondant au moment orbital l est obtenu en soustrayant les contributions dues aux électrons de valence dans le pseudopotentiel écranté :

$$V_l^{ps}(\mathbf{r}) = V_l^{ps,scr}(r) - V_H[\rho^{ps}(\mathbf{r})] - V_{xc}[\rho^{ps}(\mathbf{r})] \tag{2.8}$$

où ρ^{ps} désigne une pseudo-densité électronique construite à partir des pseudo-fonctions d'onde.

Les effets relativistes (couplage spin-orbite, décalage des niveaux dans les éléments lourds, ...) peuvent être pris en compte [77, 78], mais ils ne donnent lieu la plupart du temps qu'à des corrections mineures [74] et sont par conséquent rarement considérés.

2.3.2 Séparation de Kleinmann-Bylander

Les pseudopotentiels à norme conservée, construits à partir de l'équation 2.8, ont une forme générale dite **semi-locale**, car bien que les V_l^{ps} soient locaux en $\mathbf{r}$, ils dépendent de manière non-locale des variables angulaires, à travers le moment orbital l. Le pseudopotentiel total peut s'exprimer de la manière suivante [79] :

$$V_{pp}(\mathbf{r}, \mathbf{r}') = \sum_L Y_L^\star(\mathbf{r}) V_l^{ps}(\mathbf{r}) \delta(\mathbf{r} - \mathbf{r}') Y_L(\mathbf{r}') \tag{2.9}$$

où les fonctions Y_L sont les harmoniques sphériques, et où $L = (l, m)$ regroupe les nombres quantiques l et m.

Or, loin de l'atome, les V_l^{ps} se réduisent au potentiel de Coulomb, en $-1/r$, et perdent leur dépendance angulaire, devenant ainsi locaux. Il s'avère dès lors intéressant de séparer le pseudopotentiel en deux contributions :

$$V_{pp}(\mathbf{r}, \mathbf{r}') = V_{pp}^{loc}(\mathbf{r}) + \sum_{L=0}^{L_{max}} Y_L^\star(\mathbf{r}) \Delta V_l^{ps}(\mathbf{r}) \delta(\mathbf{r} - \mathbf{r}') Y_L(\mathbf{r}') \tag{2.10}$$

où $\Delta V_l^{ps}(\mathbf{r}) = V_l^{ps}(\mathbf{r}) - V_{pp}^{loc}(\mathbf{r})$ peut être vu comme une « correction » au pseudopotentiel local dans la région du cœur. Il est alors possible de limiter ces corrections en tronquant la somme à un moment orbital l_{max} donné (une valeur typique de l_{max} est 2). Si l'on prend $V_{pp}^{loc}(\mathbf{r}) = V_{l_{max}}^{ps}(\mathbf{r})$, l'un des termes de la sommation est supprimé, ce qui réduit d'autant le coût du calcul [71].

La plupart des pseudopotentiels utilisés aujourd'hui se présentent néanmoins sous une autre forme, proposée par KLEINMAN et BYLANDER [80], qui permet une détermination plus rapide de la partie liée aux termes semi-locaux. Leur démarche est basée sur la séparation totale des termes en $\mathbf{r}$ et en $\mathbf{r}'$, le terme semi-local étant réécrit de manière pleinement non-locale :

$$V_{pp}^{KB}(\mathbf{r}, \mathbf{r}') = V_{pp}^{loc}(\mathbf{r}) + \underbrace{\sum_L \frac{\mid \Delta V_l^{ps} \psi_L^{ps} \rangle \langle \psi_L^{ps} \Delta V_l^{ps} \mid}{\langle \psi_L^{ps} \mid \Delta V_l^{ps} \mid \psi_L^{ps} \rangle}}_{V_{pp}^{NL}} \qquad (2.11)$$

Le terme V_{pp}^{NL} désigne cette partie non-locale, dans laquelle les intégrales de produits de l'équation 2.9 sont remplacées par des produits d'intégrales. Leur nombre passe ainsi d'une évolution proportionnelle à N_{pw}^2 à une augmentation variant comme N_{pw} [80].

Malgré son intérêt pratique, la forme de Kleinman-Bylander (KB) des pseudopotentiels présente l'inconvénient de conduire, dans certains cas, à des résultats non-physiques. Lorsque la forme semi-locale est utilisée, les énergies des états propres croîent, pour chaque moment orbital l, avec le nombre de nœuds des fonctions d'onde correspondantes. Or, la forme KB ne permet plus de vérifier cette condition, ce qui peut se traduire par l'apparition d'états présentant des nœuds, dont l'énergie est inférieure à celle de l'état sans nœud. Une autre possibilité est que, parmi deux états voisins, l'un présente deux nœuds de plus que l'autre. La présence de ces états « fantômes » conduit alors à une modification significative des propriétés physiques calculées [81].

Il est néanmoins possible de circonvenir ces problèmes grâce à une généralisation de la forme KB, une des façons de procéder étant d'uiliser, pour la partie non-locale des pseudopotentiels, des projecteurs supplémentaires sur différents états de référence [82,83]. Une analyse détaillée de la forme KB a même permis la mise en place d'un cadre théorique afin de prévoir et d'éviter ce genre de problème [79].

2.3.3   Reformulation de l'énergie et du potentiel effectif

L'utilisation de pseudopotentiels nécessite la modification des expressions analytiques définies au chapitre 1. Pour des raisons de simplicité, nous supposerons ici que le système étudié ne comporte qu'une seule espèce. La généralisation à plusieurs espèces des considérations qui suivent est immédiate, même si elle s'accompagne d'une plus grande lourdeur quant à sa formulation. *À partir de maintenant, les notations ψ_i et ρ désigneront respectivement les pseudo-fonctions d'onde de valence et la pseudo-densité qui leur est associée.*

Tout d'abord, la partie locale du pseudopotentiel permet de construire, par sommation sur les différents atomes, un premier potentiel :

$$V_{ion}^{loc}(\mathbf{r}) = \sum_{I=1}^{N_a} V_{pp}^{loc}(\mid \mathbf{r} - \mathbf{R_I} \mid) \qquad (2.12)$$

associé à un terme d'énergie :

$$E_{ion}^{loc} = \int d\mathbf{r} \, \rho(\mathbf{r}) V_{ion}^{loc}(\mathbf{r}) \qquad (2.13)$$

qui remplacera l'interaction noyaux-électrons dans le terme E_{ext}. La partie non-locale est donnée sous la forme suivante :

$$V_{NL} = \sum_{nm,I} D_{nm}^0 \mid \beta_n^I \rangle \langle \beta_m^I \mid \qquad (2.14)$$

et donne lieu au terme d'énergie suivant :

$$E_{NL} = \sum_{nm,I} D_{nm}^0 \langle \psi_i \mid \beta_n^I \rangle \langle \beta_m^I \mid \psi_i \rangle \qquad (2.15)$$

qui pourra, de par sa forme, être regroupé avec le terme d'énergie cinétique. Les coefficients D_{nm}^I et les fonctions $\beta_n^I(\mathbf{r}) = \beta_n(\mathbf{r} - \mathbf{R_I})$ constituent une reformulation plus légère du terme V_{pp}^{NL} de l'équation 2.11. Nous l'avons choisie afin de rendre plus aisée la compréhension des pseudopotentiels de Vanderbilt, exposés ci-après. Les β_n^I se composent d'une fonction angulaire multipliée par une fonction radiale qui s'annule hors de la région du cœur. Les indices n et m courent sur le nombre total N_β^{NC} de ces fonctions. Un pseudopotentiel à norme conservée est ainsi entièrement caractérisé par la donnée de V_{pp}^{loc}, des β_n et des coefficients D_{nm}^0.

À partir de là, l'énergie totale du système peut être reformulée pour tenir compte de l'utilisation de pseudopotentiels :

$$E_{tot}^{KS} = \underbrace{\sum_i \langle \psi_i \mid -\frac{\nabla^2}{2} + V_{NL} \mid \psi_i \rangle}_{T_e^0 + E_{NL}} + E_H + E_{ext} + E_{xc} \qquad (2.16)$$

où le terme E_{ext} contient maintenant la partie locale à travers E_{ion}^{loc} :

$$E_{ext} = E_{ion}^{loc} + \sum_{I<J} \frac{Z_I^* Z_J^*}{\mid \mathbf{R_I} - \mathbf{R_J} \mid} \qquad (2.17)$$

Les Z_I^* et Z_J^* désignent ici la charge totale des ions, qui est celle des noyaux à laquelle on a retranché la charge des électrons de cœur.

Au niveau des équations de Kohn-Sham, le changement se traduit par une reformulation du potentiel effectif et l'ajout du potentiel non-local :

$$\underbrace{\left[-\frac{\nabla^2}{2} + V_{NL} + \underbrace{V_H(\mathbf{r}) + V_{ion}^{loc}(\mathbf{r}) + V_{xc}(\mathbf{r})}_{V_{eff}^{pp}} \right]}_{\mathcal{H}_{NC}^{KS}} \mid \psi_i \rangle = \epsilon_i \mid \psi_i \rangle, \; i = 1, ..., N_e \qquad (2.18)$$

2.4   Pseudopotentiels de Vanderbilt (*ultrasoft*)

2.4.1   Non-conservation de la norme et implications

Lorsque les orbitales de valence sont localisées, comme par exemple dans les métaux de transition, le nombre d'ondes planes nécessaire à la description des électrons peut devenir très élevé, même si on utilise des pseudopotentiels à norme conservée, puisque dans un tel cas le rayon de coupure r_c doit rester relativement faible. Un certain nombre de tentatives a eu lieu afin de réduire l'énergie de coupure [84–86], sans toutefois permettre la simulation de systèmes étendus.

En se débarrassant de la contrainte de relaxation de la norme, VANDERBILT a construit une nouvelle classe de pseudopotentiels dans lesquels les pseudo-fonctions d'onde peuvent être arbitrairement lisses dans la région du cœur [83]. C'est pourquoi ceux-ci sont qualifiés d'« *ultrasoft* ». Ce changement a pour effet de réduire fortement l'énergie de coupure nécessaire pour décrire des orbitales localisées en autorisant l'utilisation d'un rayon de coupure plus grand que pour les pseudopotentiels à norme conservée. Néanmoins, ces fonctions d'onde ne permettent pas de retrouver toute la charge du système, et il est nécessaire d'« augmenter » la densité électronique autour des atomes, afin de récupérer la partie manquante. Dans le schéma proposé par VANDERBILT, cette opération est assurée en remplaçant la condition d'orthonormalisation des fonctions d'onde par une condition généralisée :

$$\langle \psi_i \mid S(\{\mathbf{R_I}\}) \mid \psi_j \rangle = \delta_{ij} \qquad (2.19)$$

où la matrice S dépend des positions des atomes et s'exprime de la manière suivante :

$$S(\{\mathbf{R_I}\}) = I + \sum_{nm,I} q_{nm} \mid \beta_n^I \rangle \langle \beta_m^I \mid \qquad (2.20)$$

avec

$$q_{nm} = \int d\mathbf{r} \, Q_{nm}(\mathbf{r}) \qquad (2.21)$$

et où I représente la matrice identité. Les fonctions $Q_{nm}(\mathbf{r})$ sont appelées **fonctions d'augmentation** et sont strictement localisées dans la région du cœur. Elles constituent la donnée supplémentaire nécessaire pour caractériser pleinement un pseudopotentiel de Vanderbilt.

La densité électronique tient compte de cette augmentation par une reformulation adéquate :

$$\rho(\mathbf{r}) = \sum_i \left\{ \mid \psi_i(\mathbf{r}) \mid^2 + \sum_{nm,I} Q^I_{nm}(\mathbf{r}) \langle \psi_i \mid \beta^I_n \rangle \langle \beta^I_m \mid \psi_i \rangle \right\} \qquad (2.22)$$

Elle se compose ainsi d'une partie non-localisée et nécessitant peu d'ondes planes (premier terme de l'éq. 2.22), à laquelle s'ajoute, à travers les fonctions $Q^I_{nm}(\mathbf{r}) = Q_{nm}(\mathbf{r} - \mathbf{R_I})$, une contribution localisée et développée sur un grand nombre d'ondes planes. Cette contribution, peu élevée dans les orbitales étendues (entre 10 et 20% pour une orbitale $4s$ du cuivre), peu devenir dominante dans les orbitales localisées (elle est de l'ordre de 80% pour les orbitales $3d$ du cuivre et de 60% pour les orbitales $2p$ de l'oxygène).

D'autre part, deux énergies de référence sont considérées pour chaque moment orbital, afin d'éviter l'apparition des états fantômes précédemment cités et d'augmenter la transférabilité des pseudopotentiels. Ceux-ci sont donc associés à deux fois plus de projecteurs que les pseudopotentiels à norme conservée ($N^V_\beta = 2N^{NC}_\beta$).

Cette modification de la densité n'a pas d'influence sur l'expression formelle de l'énergie. Il n'en va pas de même pour sa dérivée fonctionnelle, qui est affectée par la présence des fonctions d'augmentation dans la densité électronique. En effet, à cause d'elles, on a maintenant :

$$\frac{\delta\rho(\mathbf{r}')}{\delta\psi^\star_i(\mathbf{r})} = \psi_i(\mathbf{r}')\delta(\mathbf{r}' - \mathbf{r}) + \sum_{nm,I} Q^I_{nm}(\mathbf{r}')\beta^I_n(\mathbf{r})\langle \beta^I_m \mid \psi_i \rangle \qquad (2.23)$$

et donc :

$$\begin{aligned} \frac{\delta E_{tot}}{\delta\psi^\star_i(\mathbf{r})} &= \int d\mathbf{r}' \, \frac{\delta E_{tot}}{\delta\rho(\mathbf{r}')} \frac{\delta\rho(\mathbf{r}')}{\delta\psi_i(\mathbf{r})} \\ &= V^{pp}_{eff}(\mathbf{r})\psi_i(\mathbf{r}) + \sum_{nm,I} \beta^I_n(\mathbf{r})\langle \beta^I_m \mid \psi_i \rangle \int d\mathbf{r}' \, V^{pp}_{eff}(\mathbf{r}')Q^I_{nm}(\mathbf{r}') \end{aligned} \qquad (2.24)$$

où V^{pp}_{eff} est défini comme dans l'équation 2.18. Les équations de Kohn-Sham doivent être modifiées en conséquence et prendre en compte les conditions d'orthonormalisation généralisées. Elles deviennent :

$$\underbrace{\left[-\frac{\nabla^2}{2} + V^{pp}_{eff} + \sum_{nm,I} D^I_{nm} \mid \beta^I_n \rangle\langle \beta^I_m \mid \right]}_{\mathcal{H}^{KS}_V} \mid \psi_i \rangle = \epsilon_i S \mid \psi_i \rangle \qquad (2.25)$$

avec :

$$D_{nm}^I = D_{nm}^0 + \int d\mathbf{r} \ V_{eff}^{pp}(\mathbf{r})Q_{nm}^I(\mathbf{r}) \tag{2.26}$$

La définition des coefficients D_{nm}^I permet de regrouper les contributions du potentiel non-local et des fonctions d'augmentation en un seul terme. On remarquera toutefois que, puisque ces coefficients sont définis à partir du potentiel effectif, ils dépendent des fonctions d'onde, et devront être mis à jour à chaque pas lors de la résolution autocohérente des équations de Kohn-Sham [16].

L'utilisation des pseudopotentiels de Vanderbilt mène à une complexification notable de la description du système. Tout d'abord, deux fois plus de projecteurs sont nécessaires pour construire le pseudopotentiel. Ensuite, l'utilisation de l'opérateur S rend les conditions d'orthonormalisation dépendantes des positions des ions. Enfin, la présence des coefficients D_{nm}^I entraîne un surcoût en calculs.

2.4.2   Pseudisation des fonctions d'augmentation

Il est possible de réduire le *cutoff* E_c^{dens} en pseudisant à leur tour les fonctions d'augmentation à l'intérieur de la région du cœur, ce qui conduit à une diminution notable du coût des calculs [16, 87]. Cette opération s'avère également importante dans le contexte des GGA, qui donnent de meilleurs résultats lorsque les fonctions d'onde varient lentement et sont deux fois dérivables [32, 88].

Les fonctions d'augmentation Q_{nm} sont tout d'abord décomposées suivant le moment orbital total L :

$$Q_{nm}(\mathbf{r}) = \sum_L c_{nm}^L \ Y_L(\hat{\mathbf{r}})Q_{nm}^{rad}(r) \tag{2.27}$$

où les coefficients c_{nm}^L sont les coefficients de Clebsch-Gordan, les Y_L désignent les harmoniques sphériques et les fonctions Q_{nm}^{rad} représentent la partie radiale des fonctions d'augmentation. Les fonctions Q_{nm}^{rad} sont ensuite remplacées par des pseudo-fonctions Q_{nm}^L dépendant du moment orbital de telle façon que le L-ième moment de la densité de charge soit conservé, ou encore :

$$\int_0^{r_{in}^L} r^2 dr \ r^L Q_{nm}^L(r) = \int_0^{r_{in}^L} r^2 dr \ r^L Q_{nm}^{rad}(r) \tag{2.28}$$

Puisque les composants de Fourier haute fréquence des Q_{nm} correspondent aux moments orbitaux les plus élevés, les rayons de coupure $r_{in}^L < r_c$ introduits ici augmenteront avec L, afin de permettre une description correcte pour tous les moments orbitaux [16, 87].

Les fonctions Q_{nm}^L sont exprimées, pour $r < r_{in}^L$, à l'aide d'une expansion polynômiale :

$$Q_{nm}^L(r) = r^L(C_0 + C_2 r^2 + C_4 r^4 + \cdots) \tag{2.29}$$

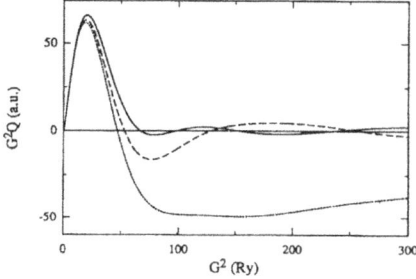

FIGURE 2.2: *Transformées de Fourier de la pseudo-fonction d'augmentation optimale (trait plein), d'une pseudo-fonction non-optimale (pointillés) et de la fonction originelle (points) pour $L = 0$ et $n, m = 2p$ (l'échelle verticale est arbitraire). Illustration tirée de la référence [16].*

où le degré du polynôme est choisi de manière à obtenir des fonctions suffisamment lisses. Afin de conférer à cette fonction des caractéristiques optimales, il convient, puisque le but est ici d'éliminer les composants haute fréquence, de s'intéresser à sa transformée de Fourier :

$$Q_{nm}^L(G) = \int_0^\infty r^2 dr \, Q_{nm}^L(r) j_l(Gr) \tag{2.30}$$

j_L est ici la fonction de Bessel sphérique d'ordre L. Une méthode possible pour déterminer la fonction optimale est d'imposer à la fonction $Q_{nm}^L(G)$ d'être aussi petite que possible lorsque G est plus grand qu'un vecteur d'onde de coupure G_c. Il suffit pour cela de minimiser l'intégrale :

$$I = \int_{G_c}^\infty dG \, G^2 Q_{nm}^L(G) \tag{2.31}$$

sachant que la fonction $Q_{nm}^L(r)$ doit être deux fois dérivable en $r = r_{in}^L$ [16]. On obtient de cette façon une densité de charge particulièrement lisse, dont les deux premières dérivées sont elles-mêmes continues et lisses.

Grâce à cette pseudisation, des éléments comme l'oxygène peuvent être décrits, dans le cadre des pseudopotentiels de Vanderbilt, en utilisant un *cutoff* $E_c^{dens} = 4E_c^{wf}$, c'est-à-dire de la même manière qu'avec les pseudopotentiels à norme conservée. La figure 2.2 illustre le comportement en fréquence des pseudo-fonctions d'augmentation par rapport aux fonctions originelles et montre la réduction drastique du *cutoff* nécessaire pour calculer la densité électronique.

Cette démarche ne suffit cependant pas pour certaines espèces, en particulier les métaux de transition comme le cuivre, où les fonctions Q_{nm} apportent une contribution dominante à la densité ρ. Dans un tel cas, un *cutoff* $E_{cut}^{dens} > 4E_{cut}^{wf}$ est nécessaire pour décrire les pseudo-fonctions d'augmentation elles-mêmes. Toutefois, il est possible d'utiliser un *cutoff* plus élevé sans augmenter de manière significative le coût des calculs, en tirant parti du fait que les fonctions Q_{nm} sont localisées [16]. La méthode que nous avons suivie est décrite au chapitre 3 et s'appuie sur l'introduction d'une **double grille** pour le calcul des transformées de Fourier.

2.4.3   Seuil de rentabilité

Le prix à payer pour réduire le nombre d'ondes planes et augmenter le rayon de la région du cœur semble bien élevé, particulièrement en termes de complexité, et on peut donc se demander s'il y a un véritable intérêt à utiliser les pseudopotentiels de Vanderbilt. Pour répondre à cette question, il s'avère indispensable de disposer d'un critère précis permettant de décider dans quelles situations il est préférable d'utiliser ces pseudopotentiels.

Dans la plupart des cas, le calcul des produits scalaires $\langle \beta_n^I \mid \psi_i \rangle$ et, lorsque les ions sont autorisés à se déplacer, $\langle \frac{d\beta_n^I}{d\mathbf{R_I}} \mid \psi_i \rangle$, font partie des étapes les plus coûteuses des calculs. Le nombre d'opérations effectuées pour les déterminer est proportionnel au produit $N_{pw}N_\beta N_a N_e$, qui évolue comme le cube du nombre d'atomes (N_a^3), et devient vite prépondérant lorsque la taille des systèmes étudiés augmente. Par conséquent, puisqu'il y a deux fois plus de projecteurs dans un pseudopotentiel de Vanderbilt que dans un pseudopotentiel à norme conservée, il sera plus avantageux d'utiliser le premier si $N_{pw}^{NC} > 2N_{pw}^V$ [16]. Grâce à la relation 2.2, cette inégalité peut être exprimée en fonction des *cutoffs* correspondants, soit :

$$E_{cut}^{NC} > 2^{2/3} E_{cut}^V \qquad (2.32)$$

Pour les systèmes à base de cuivre et d'oxygène, les pseudopotentiels à norme conservée doivent être utilisés avec un *cutoff* de 90 Ry pour les fonctions d'onde, tandis que 20 Ry sont suffisants pour les pseudopotentiels de Vanderbilt (cf. chapitre 4). La relation précédente est bien vérifiée puisque $90 > 2^{2/3} \times 20 \approx 32$. C'est ce qui a motivé notre choix pour les agrégats CuO_n. Nous avons quand même utilisé des pseudopotentiels à norme conservée dans le cas du composé solide $Cu_2(OH)_3(NO_3)$, car le code parallèle dont nous disposons pour traiter le grand nombre d'atomes mis en jeu (jusqu'à 192) n'est pas adapté aux pseudopotentiels de Vanderbilt.

Chapitre 3

Dynamique moléculaire *ab initio*

3.1 Détermination des structures d'équilibre

3.1.1 Schéma de principe

Les équations de Kohn-Sham permettent de déterminer l'état fondamental électronique d'un système pour un ensemble de positions atomiques données. De là, il est possible de calculer les forces s'exerçant sur les atomes, de les déplacer, puis de recalculer l'état fondamental électronique pour les nouvelles positions. En continuant jusqu'à l'annulation des forces, on détermine ainsi le minimum absolu de l'énergie totale du système, qui correspond à sa géométrie d'équilibre (figure 3.1).

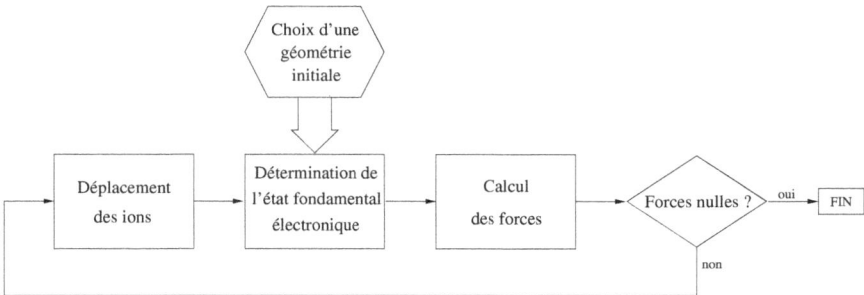

FIGURE 3.1: *Schéma de principe de détermination de l'état fondamental électronique et géométrique d'un système.*

3.1.2   Détermination de l'état fondamental électronique

Par diagonalisation de l'hamiltonien

Pour connaître les propriétés de l'état fondamental d'un système, il faut déterminer les orbitales de Kohn-Sham qui minimisent l'énergie totale, en tirant parti du fait que cette énergie ne présente qu'un seul minimum [69]. Une méthode plausible consiste, à partir d'un jeu de fonctions d'onde initiales, à construire la densité électronique et l'hamiltonien de Kohn-Sham correspondant, puis à diagonaliser cet hamiltonien afin d'obtenir ses états propres. Ceux-ci serviront à construire une nouvelle densité puis un nouvel hamiltonien et ainsi de suite, jusqu'à l'autocohérence (figure 3.2).

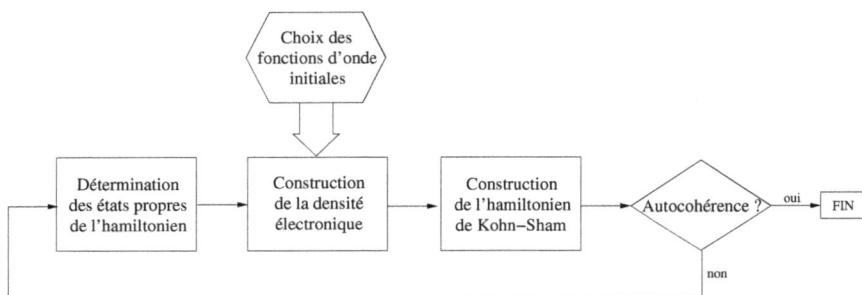

FIGURE 3.2: *Schéma de principe pour la résolution des équations de Kohn-Sham par diagonalisation de l'hamiltonien.*

Les principaux inconvénients de cette approche sont que le nombre d'opérations effectuées à chaque pas est proportionnel au cube du nombre d'ondes planes et la mémoire nécessaire augmente comme son carré, ce qui en fait une approche très gourmande en ressources et en temps [69].

Une autre manière de déterminer l'état fondamental du système est de minimiser directement son énergie totale. Une telle approche, beaucoup plus légère, permet de traiter avec efficacité des systèmes nettements plus gros. Nous discuterons ici les trois méthodes que nous avons utilisées dans nos calculs. La première, appelée *steepest descent*, consiste à suivre la ligne de plus grande pente et sert de base à la deuxième, la méthode des gradients conjugués. La troisième est fondée sur l'utilisation d'une dynamique amortie est sera exposée dans le cadre de la dynamique moléculaire *ab initio*.

En suivant la ligne de plus grande pente

Déterminer le jeu de fonctions d'onde ψ_i qui minimisent l'énergie totale peut être vu comme le parcours d'un paysage montagneux (la surface d'énergie) plongé dans un épais brouillard (car on n'en connaît pas *a priori* la topologie). Une idée simple pour trouver le fond de la vallée est de suivre, à chaque pas, la ligne de plus grande pente (SD, *steepest descent*). La i-ième composante de sa direction $\mathbf{g}^{(n)}$ est donnée par la relation :

$$\mathbf{g}^{(n)} = -\frac{\delta E_{tot}}{\delta \psi_i^{(n)\star}} = -\mathcal{H}^{KS}\psi_i^{(n)} \tag{3.1}$$

où l'exposant $^{(n)}$ désigne l'itération courante. Une fois cette direction déterminée, il suffit de parcourir la surface d'énergie en la suivant jusqu'à un minimum, puis de déterminer, de nouveau à l'aide de l'équation 3.1, une nouvelle direction vers le minimum global. Une trajectoire est ainsi définie dans l'espace des degrés de liberté électroniques, au bout de laquelle, en principe, ce gradient s'annule.

Bien que chaque itération rapproche l'énergie totale de son minimum, il n'y a cependant aucune garantie que celui-ci sera atteint en un nombre fini de pas. D'autre part, cette manière de procéder empreinte rarement le chemin le plus court pour atteindre le minimum ; si le vecteur initial ne pointe pas dans la bonne direction, les vecteurs suivants vont être dirigés le long de la vallée plutôt que vers son fond, et un grand nombre d'itérations va s'avérer nécessaire pour atteindre le minimum [69].

En termes d'efficacité, cette approche ne présente un réel intérêt que lorsque le gradient est suffisamment élevé. Elle sera donc utilisée de préférence au début de la minimisation. La méthode des gradients conjugués (CGM, *Conjugate Gradients Method*), qui est une extension de SD, remédie à cet inconvénient.

Par la méthode des gradients conjugués

Dans la méthode SD, l'erreur commise lors d'une minimisation est proportionnelle au gradient déterminé au pas précédent, ce qui limite la vitesse de convergence. L'idée qui sous-tend la CGM est de rendre chaque pas indépendant du précédent [69].

Les directions successives sont obtenues à travers la relation :

$$\mathbf{d}^{(n)} = \mathbf{g}^{(n)} + \gamma^{(n)}\mathbf{d}^{(n-1)} \tag{3.2}$$

avec :

$$\gamma^{(n)} = \frac{\mathbf{g}^{(n)} \cdot \mathbf{g}^{(n)}}{\mathbf{g}^{(n-1)} \cdot \mathbf{g}^{(n-1)}} \tag{3.3}$$

et $\gamma^{(0)} = 0$ pour le premier pas. Les gradients $\mathbf{g}^{(n)}$ sont ceux de la méthode SD. Les directions $\mathbf{d}^{(n)}$ et $\mathbf{d}^{(n-1)}$ sont dites « conjuguées » et représentent à chaque fois la meilleure direction dans laquelle chercher le minimum [89]. Pour distinguer CGM et SD, on peut de nouveau utiliser l'image de la vallée embrumée : dans la méthode SD, la nouvelle direction choisie à chaque pas ne tient compte que des informations disponibles au point courant, tandis que dans la CGM, une « carte » du chemin déjà exploré est tracée au fur et à mesure de la minimisation.

Les minimisations suivant les directions conjuguées étant indépendantes, le sous-espace à explorer perd une dimension à chaque itération. Lorsque cet espace se réduit à un point (dimension 0), le minimum est atteint. En pratique, il est toutefois possible d'atteindre ce minimum à l'aide d'un nombre plus restreint d'itérations [69]. Différentes manières de mettre en œuvre la CGM ont été développées, avec pour objectifs la rapidité et une utilisation optimale de la mémoire [90–92].

3.2   Principes de la dynamique moléculaire *ab initio*

Malgré sa simplicité, le schéma de principe exposé ci-dessus s'avère particulièrement lent en pratique, car la détermination de l'état fondamental électronique est une opération coûteuse. Il est également à noter que les méthodes SD et CGM ne peuvent être utilisées que lorsque l'énergie ne présente qu'un seul minimum, c'est-à-dire lorsque les ions sont fixes. Dans le cas contraire, on peut aboutir à n'importe quel minimum local.

CAR et PARRINELLO ont mis au point une méthode permettant d'obtenir, entre autres choses, la géométrie d'équilibre, sans avoir à recalculer l'état fondamental électronique pour chaque configuration des ions : **la dynamique moléculaire *ab initio*** (DMAI) [67, 93–95].

3.2.1   Lagrangien et équations du mouvement

La DMAI consiste à considérer les fonctions d'onde comme des variables dynamiques du système, c'est-à-dire à leur donner des **degrés de liberté fictifs**, puis à traiter ces degrés de liberté fictifs à l'aide de la mécanique classique. Toute la démarche repose sur la définition du lagrangien suivant [93] :

$$\mathcal{L} = \underbrace{\sum_{i=1}^{N_e} \mu \int d\mathbf{r}\, \dot{\psi}_i^\star(\mathbf{r})\dot{\psi}_i(\mathbf{r})}_{E_c^e} + \underbrace{\sum_{I=1}^{N_a} \frac{1}{2} M_I \dot{\mathbf{R}}_\mathbf{I}^2}_{E_c^{ion}} - E_{tot}^{KS} + \sum_{i,j} \Lambda_{ij}\left(\langle \psi_i \mid S \mid \psi_j \rangle - \delta_{ij}\right) \qquad (3.4)$$

où le premier terme E_c^e représente une « énergie cinétique fictive » associée aux degrés de liberté électroniques fictifs, et μ une « masse fictive ». Le deuxième terme E_c^{ion} est l'énergie cinétique des ions, le troisième l'énergie totale définie précédemment (équation 2.16). Le dernier terme est associé aux contraintes d'orthonormalisation des fonctions d'onde électroniques. La matrice S est définie par l'équation 2.20 et se réduit à l'identité dans le cas des pseudopotentiels à norme conservée. Les multiplicateurs de Lagrange correspondants, notés Λ_{ij}, vérifient, pour l'état fondamental, $\Lambda_{ij} = \epsilon_i \delta_{ij}$.

La formulation de ce lagrangien repose sur les hypothèses suivantes :
- d'une part, le mouvement des ions ne doit pas être affecté par la présence des degrés de liberté fictifs ;
- d'autre part, les électrons doivent rester très proches de leur état fondamental.

En d'autres termes, le système doit évoluer de manière **adiabatique**, ce qui signifie que les spectres des fréquences associées aux deux familles de degrés de liberté doivent être disjoints. Cette condition est remplie pour un choix adéquat du paramètre μ : plus celui-ci est petit, et plus le découplage des degrés de liberté sera important.

À partir de l'équation (3.4), on obtient les équations d'Euler-Lagrange du mouvement des ions et des électrons :

$$F_i = \mu \ddot{\psi}_i \;\; = \;\; -\frac{\delta E_{tot}^{KS}}{\delta \psi_i^\star} + \sum_j \Lambda_{ij} S \psi_j \tag{3.5a}$$

$$\mathbf{F_I} = M_I \ddot{\mathbf{R}}_\mathbf{I} \;\; = \;\; -\frac{\partial E_{tot}^{KS}}{\partial \mathbf{R_I}} + \sum_{ij} \Lambda_{ij} \left\langle \psi_i \left| \frac{\partial S}{\partial \mathbf{R_I}} \right| \psi_j \right\rangle \tag{3.5b}$$

Dans l'équation 3.5b, le terme asssocié aux contraintes d'orthonormalisation n'apparaît qu'avec les pseudopotentiels de Vanderbilt.

Utilisées telles quelles, ces équations permettent de suivre l'évolution du système autour d'une de ses positions d'équilibre stable et de déterminer ainsi ses modes de vibration.

Du point de vue thermodynamique, l'évolution a lieu dans l'ensemble microcanonique, car l'énergie mécanique du système est conservée. Pour cette raison, la température ne peut pas en principe être fixée. Il existe néanmoins des méthodes permettant de mener des simulations à une température donnée. Dans nos calculs, nous avons imposé la température des ions par « calibrage » de leur vitesse (*velocity scaling*), c'est-à-dire en imposant à leur énergie cinétique de se trouver dans un intervalle particulier. À chaque fois que celle-ci est trop élevée, les ions sont ralentis, et inversement, lorsqu'elle descend au-dessous de la borne inférieure admise, ils subissent une accélération. Il est aussi possible de mener ces simulations grâce à l'utilisation de thermostats de Nosé-Hoover [96–98], qui offrent une description permettant l'échantillonnage des trajectoires dans l'ensemble canonique.

3.2.2 Contrôle de l'adiabaticité

Lors d'une simulation de DMAI, il est important de s'assurer que l'échange de chaleur entre les deux familles de degrés de liberté (les ions et les degrés de liberté électroniques fictifs) soit suffisamment lent, pour que les résultats obtenus soient physiquement acceptables sur des périodes de temps de l'ordre de quelques picosecondes. Ceci revient à dire que les degrés de liberté électroniques ne doivent pas être en équilibre thermique avec les ions, ce qui aurait pour effet de refroidir les ions et d'éloigner les orbitales de la surface de Born-Hoppenheimer [95,99].

Puisque la dynamique imposée aux degrés de liberté électroniques fictifs donne quand même accès aux énergies propres du système, l'étendue du spectre de cette dynamique peut être calculée. Il est possible de montrer que la fréquence minimale du mouvement des degrés de liberté fictifs est reliée au gap E_g du système et à la masse fictive par la relation [94] :

$$\omega_{min} \propto \left(\frac{E_g}{\mu} \right)^{\frac{1}{2}} \tag{3.6}$$

Pour que l'évolution du système soit adiabatique, cette fréquence doit être nettement supérieure aux fréquences caractéristiques du mouvement des ions. Cette condition limite en principe l'usage de la DMAI aux systèmes possédant un gap, comme les isolants, les semi-conducteurs et les petits systèmes. Si le gap est trop faible, ou inexistant, la fréquence ω_{min} va s'approcher des fréquences ioniques et un transfert d'énergie indésirable va avoir lieu. Dans les métaux, le recouvrement spectral (*i.e.* le transfert de chaleur) peut tout de même être contrebalancé par l'utilisation d'un thermostat de Nosé [96], mais cette technique ne se montre pas totalement satisfaisante [94]. En appliquant deux thermostats, un aux ions et un aux électrons, il est en principe possible, dans les métaux, de maintenir les ions à la température voulue tout en imposant aux électrons de rester très proches de l'état fondamental [99]. L'étude de tels systèmes sort toutefois du cadre de la DMAI.

D'autre part, on peut aussi montrer que la fréquence maximum associée aux degrés de liberté fictifs est donnée par la relation [67] :

$$\omega_{max} \propto \left(\frac{E_{cut}}{\mu} \right)^{\frac{1}{2}} \tag{3.7}$$

Plus le paramètre μ sera petit, et plus cette fréquence sera élevée. Or, pour que les calculs donnent des résultats fiables, le pas d'intégration Δt doit être au moins inférieur à $(2\omega_{max})^{-1}$ [100]. En pratique, cette condition ne suffit même pas à garantir la stabilité des schémas d'intégration, qui souvent nécessitent des marges de sécurité plus élevées (voir la section 3.4.1). D'un autre côté, les simulations devront être capables de couvrir des échelles de temps suffisamment longues, afin de pouvoir observer les phénomènes qui nous intéressent. D'où la nécessité de trouver un bon compromis μ / Δt.

3.2.3 Optimisations globales

La DMAI fournit également la possibilité de déterminer les structures d'équilibre à l'aide d'un schéma de dynamique amortie, en ajoutant aux équations du mouvement des termes fictifs de frottement fluide :

$$\mu\ddot{\psi}_i = -\frac{\delta E_{tot}^{KS}}{\delta \psi_i^\star} - 2\gamma^e \mu\dot{\psi}_i + \sum_j \Lambda_{ij} S\psi_j \tag{3.8a}$$

$$M_I\ddot{\mathbf{R}}_\mathbf{I} = -\frac{\partial E_{tot}^{KS}}{\partial \mathbf{R}_\mathbf{I}} - 2\gamma^i M_I\dot{\mathbf{R}}_\mathbf{I} + \sum_{ij} \Lambda_{ij} \left\langle \psi_i \left| \frac{\partial S}{\partial \mathbf{R}_\mathbf{I}} \right| \psi_j \right\rangle \tag{3.8b}$$

où γ^e et γ^i sont les coefficients de frottement attribués respectivement aux mouvements des degrés de liberté électroniques fictifs et des ions.

À position des ions fixée, ce schéma s'avère beaucoup plus efficace que l'approche *steepest descent* pour minimiser l'énergie, car le système n'est pas contraint de suivre la surface de Born-Hoppenheimer dans une direction particulière. Il est possible de montrer qu'à l'approche du minimum, l'énergie va osciller autour de sa valeur d'équilibre, et qu'il existe une valeur optimale γ_{opt}^e du coefficient de frottement permettant d'éviter ces oscillations [101].

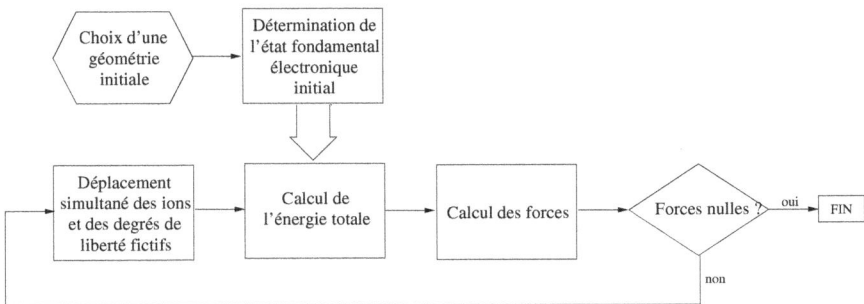

FIGURE 3.3: *Schéma utilisé pour la détermination des structures d'équilibre par dynamique amortie.*

Lorsque les ions sont libres de se déplacer, il est aisé d'explorer les différents minimums structuraux, et pas seulement le minimum global. Il suffit pour cela de prendre comme points de départ différentes configurations géométriques ; pour un choix adéquat des coefficients de frottement, le système relaxera alors rapidement vers la position d'équilibre stable la plus proche. La figure 3.3 présente la manière de procéder. La principale différence par rapport à la figure 3.1 réside dans le fait que le calcul de l'état fondamental électronique a été extrait de la boucle principale. C'est précisément cette différence qui confère à la DMAI ses performances accrues.

3.3   Mise en œuvre de la DMAI

3.3.1   Calcul de l'énergie et des forces

Les expressions analytiques des différentes parties de l'énergie ont été explicitées aux chapitres 1 et 2. Celle des forces F_i s'exerçant sur les degrés de liberté électroniques fictifs est contenue dans l'expression du potentiel effectif V_{eff}^{pp} (cf. éq. 2.18). Seule celle des forces $\mathbf{F_I}$ appliquées aux ions reste à expliciter. Nous le ferons dans la section suivante, pour le cas des pseudopotentiels de Vanderbilt, qui est plus général que celui des pseudopotentiels à norme conservée. En pratique, le calcul des forces est imbriqué avec le calcul de l'énergie totale. Son principe, dans le cas le plus répandu (norme conservée), est illustré par la figure 3.4.

À chaque pas du calcul, les informations disponibles initialement sont les fonctions d'onde dans l'espace réciproque, les positions des ions et la partie non-locale V_{NL} du pseudopotentiel. Les contributions à l'énergie totale et aux forces qui ne font pas intervenir la densité électronique peuvent dès lors être calculées ; c'est le cas de l'énergie cinétique des électrons T_e^0, de l'énergie E_{NL} associée à V_{NL} et des contributions de V_{NL} aux forces s'exerçant sur les deux familles de degrés de liberté. La détermination des autres contributions nécessite le calcul préalable de la densité ρ.

C'est pourquoi les fonctions d'onde sont tout d'abord amenées dans l'espace réel par une transformée de Fourier inverse, où ρ sera obtenue à l'aide d'un simple produit (au lieu d'un produit de convolution si ce calcul était effectué dans l'espace réciproque). La densité est ensuite amenée dans l'espace réciproque, à l'aide d'une nouvelle transformée de Fourier, afin qu'y soient calculées les contributions d'origine électrostatique : le potentiel électrostatique $V_{es} = V_H + V_{ion}^{loc}$ (éqs. 1.10 et 2.12), l'énergie électrostatique E_{es} correspondante, puis la contribution électrostatique aux forces s'exerçant sur les ions. Les références [67] et [69] expliquent de manière détaillée comment obtenir ces différents termes.

Le calcul du potentiel effectif V_{eff}^{pp} nécessite l'application d'une nouvelle transformée de Fourier inverse, cette fois-ci à V_{es}, car la contribution des termes d'échange-corrélation est locale dans l'espace réel. C'est tout d'abord l'énergie E_{xc} qui est calculée, d'où est ensuite dérivé le potentiel V_{xc}, qui vient s'ajouter au potentiel V_{es}. Le potentiel effectif est enfin appliqué aux fonctions d'onde afin d'obtenir les forces correspondantes, puis celles-ci sont ramenés dans l'espace réciproque par une quatrième transformée de Fourier, où elles se voient ajouter la contribution de la partie non-locale du pseudopotentiel. Suite à cela, les variables dynamiques du systèmes peuvent être mises à jour pour commencer le pas suivant.

3.3.2   Extension aux pseudopotentiels de Vanderbilt

Le calcul des forces est présenté ici lorsque des pseudopotentiels de Vanderbilt sont utilisés, car il s'agit là du cas le plus complexe. Les expressions correspondantes, lorsqu'on utilise des

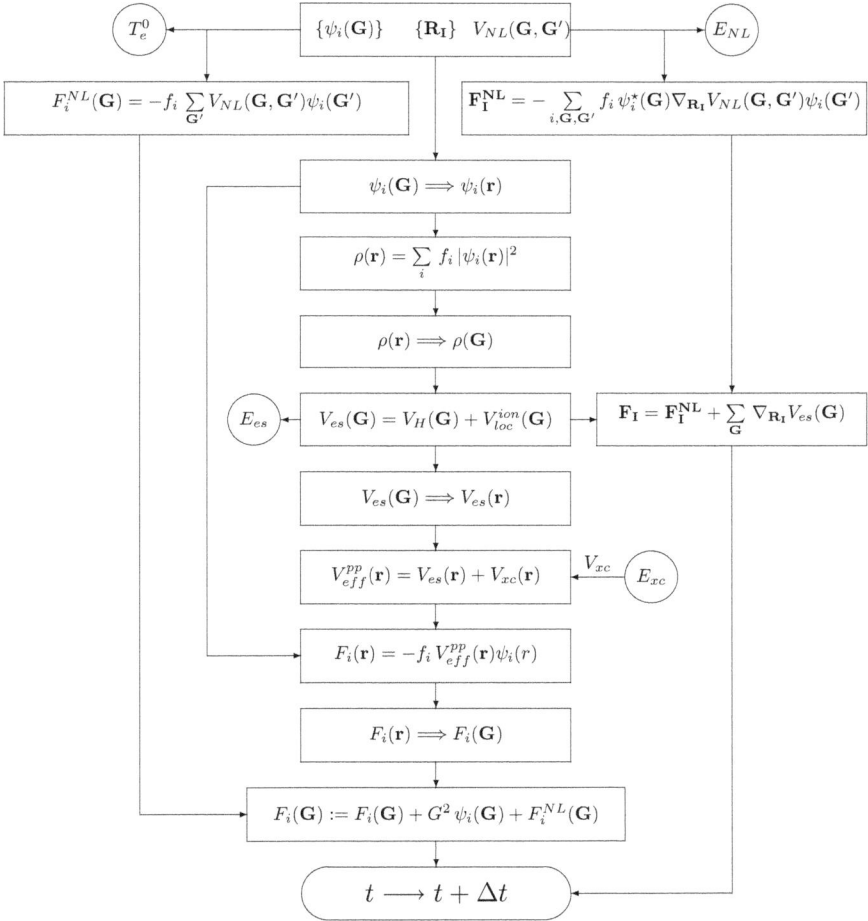

FIGURE 3.4: *Principe général du calcul de l'énergie et des forces. Les notations employées sont identiques à celles adoptées pour les chapitres 1 et 2.*

pseudopotentiels à norme conservée, peuvent être aisément retrouvées en simplifiant chacune des équations qui suivent, en tenant compte des relations :

$$S^{NC}(\{\mathbf{R}_\mathbf{I}\}) = I$$
$$Q_{nm}^{NC}(\mathbf{r}) = 0$$

Pour plus de commodité, nous introduisons, avant de calculer les dérivées de l'énergie totale, les quantités :

$$\theta_{nm}^I = \sum_i \langle \psi_i \mid \beta_n^I \rangle \langle \beta_m^I \mid \psi_i \rangle \tag{3.9a}$$

$$\omega_{nm}^I = \sum_{ij} \Lambda_{ij} \langle \psi_j \mid \beta_n^I \rangle \langle \beta_m^I \mid \psi_i \rangle \tag{3.9b}$$

dont les dérivées par rapport aux positions atomiques sont les suivantes :

$$\frac{\partial \theta_{nm}^I}{\partial \mathbf{R_I}} = \sum_i \left[\left\langle \psi_i \left| \frac{\partial \beta_n^I}{\partial \mathbf{R_I}} \right\rangle \langle \beta_m^I \mid \psi_i \rangle + \langle \psi_i \mid \beta_n^I \rangle \left\langle \frac{\partial \beta_m^I}{\partial \mathbf{R_I}} \middle| \psi_i \right\rangle \right] \tag{3.10a}$$

$$\frac{\partial \omega_{nm}^I}{\partial \mathbf{R_I}} = \sum_{ij} \Lambda_{ij} \left[\left\langle \psi_j \left| \frac{\partial \beta_n^I}{\partial \mathbf{R_I}} \right\rangle \langle \beta_m^I \mid \psi_i \rangle + \langle \psi_j \mid \beta_n^I \rangle \left\langle \frac{\partial \beta_m^I}{\partial \mathbf{R_I}} \middle| \psi_i \right\rangle \right] \tag{3.10b}$$

La dérivée de la densité ρ (cf. equ. 2.22) peut être réécrite en fonction de ces deux grandeurs :

$$\frac{\partial \rho(\mathbf{r})}{\partial \mathbf{R_I}} = \sum_{nm} \left[Q_{nm}^I(\mathbf{r}) \frac{\partial \theta_{nm}^I}{\partial \mathbf{R_I}} + \frac{dQ_{nm}^I(\mathbf{r})}{d\mathbf{R_I}} \theta_{nm}^I \right] \tag{3.11}$$

ce qui nous conduit à l'expression des forces s'exerçant sur les ions :

$$\begin{aligned}
\mathbf{F_I} = &-\frac{dU}{d\mathbf{R_I}} - \int d\mathbf{r}\, \rho(\mathbf{r}) \frac{dV_{loc}^{ion}(\mathbf{r})}{d\mathbf{R_I}} - \int d\mathbf{r}\, V_{eff}^{pp}(\mathbf{r}) \sum_{nm} \frac{dQ_{nm}^I(\mathbf{r})}{d\mathbf{R_I}} \theta_{nm}^I \\
&- \sum_{nm} D_{nm}^I \frac{\partial \theta_{nm}^I}{\partial \mathbf{R_I}} + \sum_{nm} q_{nm} \frac{\partial \omega_{nm}^I}{\partial \mathbf{R_I}}
\end{aligned} \tag{3.12}$$

où le dernier terme dénote une contribution des contraintes d'orthonormalisation, nulle dans le cas des pseudopotentiels à norme conservée.

En pratique, la présence des fonctions d'augmentation Q_{nm}^I va entraîner l'apparition de transformées de Fourier supplémentaires pour le calcul de la densité. Désormais, la partie constituée de la somme des carrés des modules des fonctions d'onde devra être amenée dans l'espace réciproque afin d'y ajouter la partie augmentée, pour laquelle les produits scalaires du type $\langle \psi_i \mid \beta_n^I \rangle$ sont évalués dans l'espace réciproque. La densité totale sera ensuite ramenée dans l'espace réel pour le calcul des termes d'échange-corrélation.

3.3.3 Technique de la double grille

Le calcul de la densité électronique, de l'énergie et des forces fait appel de manière intensive aux transformées de Fourier. C'est pourquoi il est nécessaire de s'assurer que celles-ci sont effectuées de manière optimale. Aucune précaution particulière n'est à prendre dans le cas des pseudopotentiels à norme conservée, car le *cutoff* utilisé pour représenter la densité est invariablement quatre fois plus grand que celui associé aux fonctions d'onde. Cette remarque reste valable lors de l'utilisation des pseudopotentiels de Vanderbilt dès lors que les fonctions d'augmentation peuvent être décrites à l'aide de ce *cutoff* quatre fois plus élevé (cf. chap. 2).

Ce n'est toutefois pas systématiquement le cas, ce qui peut entraîner une utilisation non optimale des ressources si l'on conserve cette façon de faire. Prenons par exemple le cas du cuivre : un *cutoff* de 150 Ry étant nécessaire pour décrire correctement la densité, il va falloir en prendre un de 38 Ry pour les fonctions d'onde (à cause du facteur 4), alors qu'elles pourraient être décrites avec seulement 20 Ry (cf. chap. 4). Par voie de conséquence, des ressources inutiles vont être mise en œuvre pour évaluer des quantités comme $\mid \psi_i(\mathbf{r}) \mid^2$ ou $V_{eff}(\mathbf{r})\psi_i(\mathbf{r})$, qui nécessitent une transformée de Fourier pour leur calcul. De plus, seul un nombre restreint de transformées de Fourier de la densité est nécessaire à chaque pas de simulation. Il est aussi intéressant de noter que le nombre de transformées de Fourier faisant intervenir les fonctions d'onde augmente avec le nombre d'orbitales, tandis qu'il y en a une quantité fixe mettant en jeu la densité. Suivant ces considérations, il s'avère utile de développer un schéma autorisant un choix indépendant des deux *cutoffs* associés respectivement aux fonctions d'onde et à la densité. L'utilisation d'une **double grille** en est un.

La présence de deux grilles permet d'évaluer dans l'espace réel les quantités mentionnées auparavant de la même manière que pour un calcul en norme conservée, sur la grille la moins dense. À cause de leur nombre fixe, le coût des transformées de Fourier sur la grille la plus dense devient vite négligeable lorsque la taille du système augmente. La grille la moins dense peut être mise en correspondance avec la grille dense dans l'espace réciproque, simplement en annulant les composants de fréquence élevée.

Il est même possible de tirer parti du caractère localisé des fonctions d'augmentation afin de réduire de manière significative le coût lié aux opérations effectuées sur la grille dense. Il suffit pour cela de considérer des petites boîtes entourant les ions et coïncidant avec la grille dense [16]. Ainsi, le nombre d'ondes planes impliquées dans les transformées de Fourier est réduit proportionnellement au rapport des volumes de la boîte et de la cellule de simulation. Ces boîtes peuvent être déplacées de manière discrète à chaque fois qu'un ion traverse un point de la grille dense. La figure 3.5 illustre schématiquement les relations existant entre les deux grilles et les petites boîtes.

Espace réel **Espace réciproque**

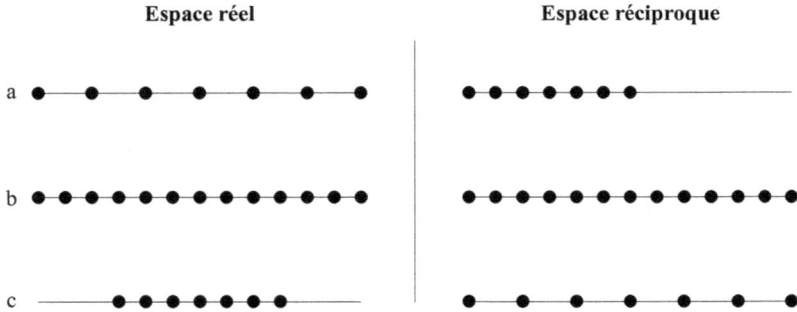

FIGURE 3.5: *Représentation schématique dans l'espace réel (à gauche) et dans l'espace réciproque (à droite) de l'échantillonnage de l'espace par une grille large (a), une grille dense (b) et une petite boîte (c).*

Pour des raisons de simplicité, nous limitons la description à une grille unidimensionnelle. La transposition à un système tridimensionnel est assez immédiate. Ainsi une grille aux mailles larges (a) dans l'espace réel correspond-elle à l'échantillonnage d'une portion donnée de l'espace réciproque. On supposera ici que les basses fréquences sont à gauche. Le même espace échantillonné avec une grille plus serrée (b) va conduire à la prise en compte de fréquences plus élevées, avec, dans l'espace réciproque, la même densité que pour le cas (a). Une petite boîte (c), représentée ici par une grille aussi dense qu'en (b) mais spatialement plus restreinte, va correspondre à la prise en compte du même intervalle de fréquences que la grille (b), avec cependant moins de points. Le coût d'une transformée de Fourier sur une petite boîte est donc nettement inférieur à celui de la même opération sur tout le volume du système. Il augmente linéairement avec la taille du système, plutôt que de manière quadratique, ce qui procure à l'utilisation de cette boîte un intérêt accru.

En résumé, la densité de la grille dans l'espace réel est reliée à l'étendue de l'intervalle des fréquences prises en compte dans l'espace réciproque, tandis que le volume occupé par cette grille dans l'espace est en correspondance avec la finesse de l'échantillonnage dans l'espace réciproque. Le passage de la grille large à la grille dense se fait dans l'espace réciproque, où il suffit d'annuler les coefficients correspondant aux fréquences élevées. Le passage d'une boîte à la grille dense a lieu quant à lui dans l'espace réel où les fonctions calculées sont mises à zéro hors du volume occupé par la boîte.

De cette façon, la partie augmentée de la densité est calculée dans l'espace réciproque pour chaque ion, puis amenée dans l'espace réel par l'intermédiaire des petites boîtes et transférée sur la grille dense. Une transformée de Fourier sur la grille dense la ramène ensuite dans l'espace réciproque. Les intégrales faisant intervenir V_{eff} (équations 2.25 et 2.26) sont quant à elles évaluées dans l'espace réel sur la grille dense, transférées sur les boîtes puis amenées ainsi dans l'espace réciproque.

3.4   Évolution des variables dynamiques

3.4.1   Algorithme de Verlet

L'algorithme de Verlet [102,103] permet d'obtenir la valeur d'une fonction $x(t+\Delta t)$ à partir de la connaissance de $x(t-\Delta t)$, $x(t)$ et $\ddot{x}(t)$ lorsque la quantité Δt est suffisamment petite. Il est basé sur un développement de Taylor à l'ordre 2 de la fonction x autour de t. Sachant que :

$$x(t+\Delta t) = x(t) + \Delta t \dot{x}(t) + \frac{\Delta t^2}{2}\ddot{x}(t) + O(\Delta t^3) \qquad (3.13a)$$

$$x(t-\Delta t) = x(t) - \Delta t \dot{x}(t) + \frac{\Delta t^2}{2}\ddot{x}(t) + O(\Delta t^3) \qquad (3.13b)$$

on a :

$$x(t+\Delta t) = 2x(t) - x(t-\Delta t) + \Delta t^2 \ddot{x}(t) + O(\Delta t^4) \qquad (3.14)$$

soit pour les variables dynamiques du système :

$$\psi_i(t+\Delta t) = 2\psi_i(t) - \psi_i(t-\Delta t) + \Delta t^2 \ddot{\psi}_i(t) \qquad (3.15a)$$

$$\mathbf{R_I}(t+\Delta t) = 2\mathbf{R_I}(t) - \mathbf{R_I}(t-\Delta t) + \Delta t^2 \ddot{\mathbf{R}}_{\mathbf{I}}(t) \qquad (3.15b)$$

En substituant l'équation 3.5a dans l'équation 3.15a, il est possible de montrer que le pas d'intégration maximal compatible avec la stabilité de l'algorithme est donné par la relation :

$$\Delta t_{max} \approx \left(\frac{4\mu}{\epsilon_{max} - \epsilon_{min}} \right)^{1/2} \qquad (3.16)$$

où ϵ_{min} et ϵ_{max} sont respectivement la plus petite et la plus grande valeur propre de l'hamiltonien du système [69]. Puisque, dans un calcul en ondes planes, l'énergie ϵ_{max} augmente avec le *cutoff* choisi, il sera nécessaire de réduire parallèlement le pas d'intégration. En pratique, le rapport $\frac{\mu}{\Delta t}$ sera typiquement de l'ordre de 100. Dans nos simulations, ce rapport était de 120 pour les agrégats CuO_n. Par contre, dans le cas des optimisations, celui-ci a pu être abaissé jusqu'à 40, à cause de la présence des forces de frottement.

Mentionnons au passage que l'algorithme de Verlet ne fait pas apparaître explicitement la vitesse dans les équations du mouvement ; il faut donc, pour la déterminer, connaître au préalable la valeur de $x(t+\Delta t)$ [98]. Elle sera alors obtenue par la relation :

$$\dot{x}(t) = \frac{x(t+\Delta t) - x(t-\Delta t)}{2\Delta t} \qquad (3.17)$$

L'algorithme de Verlet introduit une erreur de l'ordre de Δt^4 lors de l'intégration des équations du mouvement. En principe, l'utilisation d'un algorithme induisant une erreur d'ordre plus élevé en Δt, comme l'algorithme GEAR, devrait permettre des simulations avec un pas d'intégration plus grand, ce qui réduirait le temps de calcul, au détriment d'une occupation mémoire plus importante [104]. Malgré tout, la stabilité d'un tel algorithme n'est pas foncièrement meilleure, et les pas d'intégration utilisés en pratique ne sont pas beaucoup plus élevés [69].

L'algorithme de vitesse de Verlet (*velocity Verlet algorithm*) est un développement ultérieur de l'algorithme de Verlet, qui permet d'obtenir la vitesse en même temps que la position, ce qui lui confère notamment un avantage indéniable pour les simulations à température finie [98]. Dans ce cadre, la mise à jour d'une variable x et de sa vitesse $\dot{x}$ obéit aux relations :

$$x(t + \Delta t) \;=\; x(t) + \Delta t \dot{x}(t) + \frac{\Delta t^2}{2}\ddot{x}(t) \tag{3.18a}$$

$$\dot{x}(t + \Delta t) \;=\; \dot{x}(t) + \frac{\Delta t}{2}\left(\ddot{x}(t + \Delta t) + \ddot{x}(t)\right) \tag{3.18b}$$

C'est cet algorithme qui est aujourd'hui utilisé par le programme CPMD [67].

3.4.2 Préconditionnement et techniques d'intégration avancées

L'efficacité des méthodes d'optimisation peut être améliorée en tenant compte du fait, qu'aux fréquences élevées, le terme prédominant de l'énergie totale est l'énergie cinétique des électrons T_e^0, qui est diagonale dans l'espace réciproque, tandis qu'aux fréquences basses, c'est le terme de potentiel qui est prépondérant [69]. Il est en effet possible, dans un tel cas, d'introduire à moindre coût une dépendance de la masse fictive μ par rapport à la fréquence. Cette opération, appelée préconditionnement, conduit à une convergence plus rapide des fonctions d'onde vers leur état fondamental, sans complexifier les schémas utilisés. Elle consiste à ramener à des fréquences plus basses les termes haute fréquence de la dynamique des degrés de liberté électroniques fictifs, ce qui permet l'utilisation de pas d'intégration plus grands.

Il existe un certain nombre de schémas de préconditionnement, tous basés sur le même principe, qui consiste à réduire l'importance des termes à haute fréquence tout en laissant intacts les termes à basse fréquence :

$$\mu(\mathbf{G}) = \begin{cases} \mu_0 & \text{si } |\ \mathbf{G}\ | < G_c \\ \mu_0 f(|\ \mathbf{G}\ |) & \text{si } |\ \mathbf{G}\ | \geq G_c \end{cases} \tag{3.19}$$

où la fonction $f(|\ \mathbf{G}\ |)$ peut être une fraction rationnelle polynômiale [90], une parabole [101], ou bien construite à partir de la diagonale de l'hamiltonien de Kohn-Sham [67], cette

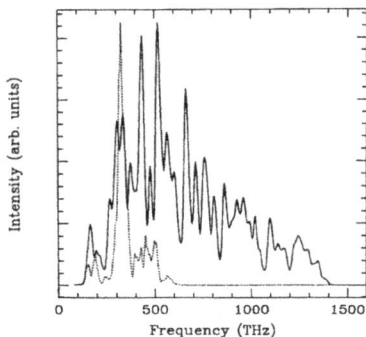

FIGURE 3.6: *Effet du préconditionnement sur le spectre des degrés de liberté fictifs pour une molécule* Si_3 *(illustration tirée de la référence [101]). La courbe en trait plein présente le comportement en fréquence de la dynamique sans préconditionnement, celle en pointillés celui de la dynamique avec précondtionnement.*

liste n'étant pas exhaustive. Le paramètre G_c peut être fixé manuellement ou déterminé indirectement, comme dans le cas de la référence [67]. Il existe une valeur optimale de G_c, qui dépend fortement des pseudopotentiels et du nombre d'ondes planes utilisés, mais qui n'est que peu affectée par l'environnement. Cette valeur peut donc être déterminée aisément à partir de calculs sur un système de référence [101]. La figure 3.6 montre, dans un cas particulier, la compression significative du spectre des degrés de liberté électroniques fictifs que permet le préconditionnement.

Il existe, bien sûr, de nombreuses autres méthodes permettant d'améliorer les performances des calculs. Nous ajouterons ici quelques mots sur la méthode d'inversion directe dans le sous-espace itératif (DIIS, *Direct Inversion in the Iterative Subspace*). DIIS est une méthode d'extrapolation très efficace qui peut être utilisée dans tous les problèmes d'optimisation [105, 106]. Elle utilise l'information contenue dans un nombre défini de pas précédents et se base sur l'estimation conjointe de la position du minimum et de l'erreur commise. Elle stabilise tous les algorithmes de relaxation auxquels elle est associée. Ainsi peut-on arriver à convergence dans des situations où l'algorithme seul serait divergent. Elle se montre bien adaptée aux problèmes impliquant un nombre conséquent d'électrons (jusqu'à 1000). C'est une procédure utilisée de manière standard par le programme CPMD. Nous l'avons utilisée pour la détermination de l'état fondamental électronique de l'hydroxynitrate $Cu_2(OH)_3(NO_3)$.

Deuxième partie

Agrégats CuO_n

Chapitre 4

Études réalisées sur les agrégats

4.1 Données expérimentales et modélisation

4.1.1 Production et caractérisation des agrégats

Six techniques sont largement utilisées à l'heure actuelle pour produire des agrégats contenant des métaux de transition. Deux d'entre elles permettent d'obtenir des agrégats de petite taille : ce sont l'évaporation par laser et par arc pulsé, largement utilisées par les expérimentateurs. Les sources à évaporation par laser produisent des agrégats de taille comprise entre l'atome et plusieurs centaines d'atomes. Il s'agit de sources pulsées et, bien que le flux moyen soit bas par rapport aux autres méthodes, les intensités instantanées atteintes sont bien plus élevées. En principe, ces sources peuvent être utilisées avec tous types de métaux pour produire des agrégats neutres ou chargés (positivement ou négativement). La température des agrégats est proche de la température de la source, voire légèrement inférieure, selon les conditions d'expansion. Les sources à arc pulsé sont semblables dans leur principe aux sources à évaporation laser. La différence réside en ce que les agrégats sont produits à partir d'une décharge électrique intense au lieu d'un laser, ce qui donne naissance à un faisceau d'agrégats et d'ions mélangés.

Même si elles ne donnent pas accès à la structure géométrique des agrégats, les méthodes de caractérisation permettent d'obtenir un certain nombre d'informations structurales, comme les abondances relatives, la composition des agrégats ou l'intensité des énergies de liaison, ainsi que des renseignements précis et variés quant aux propriétés électroniques de ces systèmes. Les techniques actuelles de spectroscopie de masse permettent de mesurer la masse des agrégats avec une précision pouvant aller jusque 10^{-5} à 10^{-6} u.m.a. Une marge d'erreur aussi serrée permet d'obtenir des spectres très précis, qui apportent des informations intéressantes sur les énergies de liaison au sein des agrégats métalliques. Ils montrent que les modèles de champ moyen utilisés couramment donnent une description correcte, même si elle demeure qualitative, de la symétrie de ces agrégats métalliques. Ils mettent aussi en évidence une taille limite au-delà de laquelle les propriétés des agrégats ressemblent fortement à celles d'une phase condensée [107].

La photoionisation a été très largement utilisée pour mesurer les propriétés électroniques des molécules polyatomiques. Les conclusions tirées sont également intéressantes en ce qui concerne les agrégats métalliques. Plusieurs aspects importants sont cependant spécifiques à ces agrégats, en particulier en ce qui concerne la forme. Des changements importants sont observés dans la forme des petits agrégats, lorsqu'ils diffèrent ne serait-ce que d'un atome, ce qui a une influence considérable sur le processus d'ionisation. La principale difficulté rencontrée expérimentalement est la détermination des potentiels d'ionisation à partir des spectres d'efficacité d'ionisation. De nombreuses méthodes ont été mises au point pour franchir cet obstacle.

La spectroscopie de photoélectrons mesure l'énergie cinétique des électrons arrachés, permettant la reconstitution de la densité d'états électronique. Dans ce processus, la structure géométrique de l'agrégat ionisé intervient pour beaucoup. En pratique, ce sont le plus souvent des agrégats de masse déterminée et ionisés négativement qui sont utilisés. Il en résulte une nette diminution du potentiel d'ionisation, ce qui permet l'exploration de niveaux d'énergie nettement inférieurs au niveau de Fermi [107].

4.1.2   Modélisation

Pour effectuer des percées significatives dans la connaissance des petits agrégats, il est crucial de prendre comme point de départ leur structure géométrique. C'est précisément ce que permet la dynamique moléculaire *ab initio*. On est en droit d'attendre d'elle des résultats précis pour des agrégats contenant de 1 à plusieurs centaines d'atomes ; seuls les moyens à mettre en œuvre différeront suivant la taille des systèmes considérés. La possibilité d'effectuer des simulations à température élevée constituera un atout certain pour la compréhension des mécanismes qui gouvernent la production des agrégats, la plupart des sources produisant des agrégats relativement chauds.

Pour étudier les agrégats CuO_n, nous avons eu recours au programme développé par l'équipe d'Alfredo PASQUARELLO, à l'Institut Romand de Recherches Numériques en Physique des Matériaux (IRRMA), situé à Lausanne. Il s'agit d'un code vectoriel de dynamique moléculaire *ab initio* utilisant les pseudopotentiels de Vanderbilt. Nous y ferons référence dans la suite sous l'acronyme CPV (pour CAR-PARRINELLO-VANDERBILT). Tous les paramètres des simulations ont été optimisés pour le plus petit système, à savoir le dimère CuO.

4.2   Propriétés structurales

4.2.1   Détermination des structures d'équilibre

La détermination des structures d'équilibre constitue l'étape première et fondamentale dans l'étude d'un agrégat. Le soin qui lui est apporté va conditionner fortement la qualité des analyses ultérieures, car les conclusions peuvent changer totalement selon que toutes les géométries possibles auront été obtenues ou non, et que ces géométries auront été relaxées rigoureusement ou non. Au sein de la démarche que nous avons choisie, elle se décompose elle-même en deux étapes :

1. déterminer l'état fondamental électronique du système pour la géométrie initiale choisie ;

2. faire relaxer simultanément les degrés de liberté électroniques et ioniques jusqu'à l'obtention de la structure d'équilibre.

Dans nos calculs, l'état fondamental électronique est obtenu grâce à un schéma de dynamique amortie. Dans certains cas, il peut s'avérer cependant plus intéressant d'utiliser d'autres tactiques à certains moments et pendant quelques pas de simulation. Un schéma de type *steepest descent* sur les électrons pendant 10 à 20 pas ou une centaine de pas de dynamique libre peuvent « secouer » suffisamment le système pour l'écarter d'un point col sur lequel il pourrait stagner.

Pour pouvoir mener à bien cette étape, il est nécessaire de fixer préalablement la valeur d'un certain nombre de paramètres : les énergies de coupure pour les fonctions d'onde et la partie augmentée de la densité, la taille de la cellule, le facteur de préconditionnement pour la détermination de l'état fondamental électronique, le rapport masse fictive/pas d'intégration pour la dynamique libre et les coefficients de frottement pour la dynamique amortie. Cette démarche est détaillée dans le chapitre 5.

En plus des structures d'équilibre, l'information accessible directement à partir de l'énergie totale E_{tot}^{sys} du système concerne son énergie de cohésion. Elle est obtenue à l'aide de la relation suivante :

$$E_b^{sys} = n_{Cu} \times E_{tot}^{Cu} + n_O \times E_{tot}^O - E_{tot}^{sys} \qquad (4.1)$$

où n_{Cu} désigne le nombre d'atomes de cuivre et n_O le nombre d'atomes d'oxygène, et présuppose la connaissance des énergies totales respectivres E_{tot}^{Cu} et E_{tot}^O d'un atome de cuivre et d'un atome d'oxygène isolés. La conséquence en est qu'il faudra recalculer ces deux énergies à chaque fois que les paramètres de simulation seront changés. Il faudra aussi déterminer la configuration électronique permettant de les évaluer correctement. Des détails plus précis sur cette opération sont également donnés dans le chapitre 5.

Par contre, nous ne pouvons pas obtenir directement l'affinité électronique des agrégats, à cause de l'interaction coulombienne entre les répliques périodiques de la cellule lorsque celle-ci contient un système chargé. Dans nos simulations, cette interaction a cependant pour seul effet de translater les énergies d'une valeur qui ne dépend que de la charge totale du système considéré, ce qui nous autorise à comparer les affinités électroniques entre elles sans avoir à connaître leur valeur.

Remarque importante : lors de nos calculs, nous avons constaté, sauf pour CuO_2, qu'un alignement Cu-O-O pouvait constituer un point col particulièrement traître. La situation que nous voulons souligner ici ressemblerait à celle d'un randonneur sur un col : le fait de réduire les distances Cu-O ou O-O reviendrait à chercher, énergétiquement parlant, à gravir une falaise très abrupte ; un étirement de ces distances correspondrait également à vouloir s'engager, dans la direction opposée, sur une pente assez prononcée ; par contre, s'engager dans l'une ou l'autre des directions restantes équivaudrait à marcher le long d'une vallée qui descend en pente très douce depuis le col, et cette dernière description correspond exactement à la rotation de l'oxygène terminal autour de l'autre oxygène. Nous avons observé, en pratique, que **lorsqu'un agrégat parvient à ce point col, les forces qui s'exercent sur les atomes se trouvent dans la limite de nos critères de convergence,** *ce qui nous a fait confondre, pour un temps, cette géométrie avec la structure d'équilibre véritable (conformation de type bent, cf. chapitre 6), qui ne se trouve que de 10 à 30 meV en-dessous. La prudence est donc de rigueur.*

4.2.2 Propriétés mécaniques

Grâce à la dynamique moléculaire *ab initio*, il est possible d'obtenir directement les fréquences de vibration d'un agrégat et d'évaluer la stabilité d'une géométrie. Il suffit pour cela de partir d'une configuration dans laquelle les atomes sont déplacés faiblement par rapport à leur position d'équilibre (typiquement : 5%) et de faire évoluer le système dans le cadre d'une dynamique libre. Lorsqu'au moins deux périodes de vibration complètes ont été obtenues, les fréquences associées peuvent être déterminées aisément (cf. chapitre 5). Lorsqu'une géométrie correspond à un équilibre instable, la dynamique libre met rapidement en évidence cette instalilité et la molécule se met à osciller autour d'une ou plusieurs structures d'équilibre voisines (voir à ce sujet le chapitre 6).

Lorsque le spin est pris en compte, la valeur des fréquences est néanmoins systématiquement sous-estimée. L'erreur commise provient du fait que le déplacement le long de la surface d'énergie minimale ne correspond pas toujours au même état de spin suivant la position occupée par les atomes au cours de la simulation. Pour remédier à cette situation, il faudrait inclure le spin total du système parmi les degrés de liberté. Cette fonctionnalité n'était pas incluse dans la version de CPV dont nous disposions. Par conséquent, et compte tenu du rôle important joué par le spin dans notre travail, nous n'avons entrepris qu'un nombre très restreint de calculs de ce type. Cette limitation va toutefois disparaître à l'avenir, puisque la dernière version du programme propose cette possibilité [108].

4.2.3 Dynamique moléculaire à température finie

Les géométries que nous obtenons lors des optimisations correspondent aux structures d'équilibre des agrégats à température nulle. Cependant, tenir compte des effets de la température nous rapproche de manière significative des conditions expérimentales, et la dynamique moléculaire *ab initio* constitue un outil bien adapté à ce genre de démarche. Parmi les techniques que nous avons exposées au chapitre 3, nous avons choisi d'utiliser le recalibrage de vitesse (*velocity scaling*), qui est le plus simple à mettre en œuvre. Un aspect auquel il convient toutefois de prêter attention concerne la durée d'évolution dont il est possible d'envisager la simulation. Un pas de simulation typique correspond à une durée avoisinant 0,01 femtoseconde, et est déterminé selon les critères de stabilité des algorithmes utilisés. Les temps caractéristiques des processus associés à l'agitation thermique au sein de ces petites molécules sont plutôt de l'ordre de la picoseconde, voire même plus. Il ne faut donc pas s'attendre à pouvoir simuler l'évolution des agrégats sur une durée de plus de quelques picosecondes, si l'on souhaite s'en tenir à une utilisation raisonnable des ressources de calcul.

4.3 Propriétés électroniques

4.3.1 Obtention des états propres du système

Lorsqu'on obtient l'état fondamental électronique d'un système à l'aide d'un schéma de dynamique amortie, les états propres ne sont pas accessibles directement. À l'équilibre, lorsque $\ddot{\psi}_i(t) = 0$, les équations 3.8a sont identiques aux équations de Kohn-Sham 1.9, **à une transformation unitaire près**. En effet, même si les valeurs propres de la matrice Λ des multiplicateurs de Lagrange sont les énergies propres du système, cette matrice est très rarement diagonale dans le repère choisi pour la simulation. Les fonctions d'onde obtenues sont en fait une combinaison linéaire des états propres du système. Par conséquent, il est absolument nécessaire de diagonaliser Λ avant de pouvoir étudier les propriétés électroniques dudit système. Une telle opération revient en fait à appliquer une rotation aux fonctions d'onde et se déroule de la manière suivante : si U est la matrice unitaire orthognonale composée des vecteurs propres de Λ, alors la matrice $\Lambda' = U^\dagger \cdot \Lambda \cdot U$ est diagonale et les fonctions d'onde $|\,\psi_i'\rangle = U^\dagger\,|\,\psi_i\rangle$ sont les états propres du système. Cette étape très courte mais absolument indispensable est accomplie en pratique par le programme CPV77_EIG (cf. annexe B). Toutes les analyses décrites dans la suite partent du principe qu'elle a déjà été effectuée.

4.3.2   Coupure des orbitales atomiques

Notre objectif concernant les orbitales des agrégats est de déterminer leurs caractères atomiques, afin d'identifier la nature de la liaison Cu-O dans ces systèmes. Pour ce faire, nous avons choisi de suivre une approche qui consiste à projeter les orbitales moléculaires sur celles des atomes de chaque espèce. Lorsque les fonctions d'onde sont développées sur des bases localisées, cette opération est immédiate. Ce n'est cependant pas le cas lorsqu'on utilise des ondes planes, puisque celles-ci occupent tout l'espace disponible. Il est donc nécessaire, au préalable, de les couper. Abordons maintenant cette étape en détail.

Nous considérons ici le problème de la coupure des orbitales de valence d'un atome situé à l'origine. La partie des fonctions d'onde qui nous intéresse est située au sein d'une sphère de rayon r_c centrée sur l'atome. Par conséquent, nous exprimerons toutes les grandeurs utilisées dans un système de coordonnées sphériques (r, θ, ϕ). Appelons U_{r_c} la fonction de coupure (porte sphérique), définie comme suit :

$$U_{r_c}(\mathbf{r}) = \left\{ \begin{array}{ll} 1 & \text{si } r \leq r_c \\ 0 & \text{sinon} \end{array} \right. \tag{4.2}$$

Obtenir les fonctions d'onde coupées dans l'espace direct est immédiat, puisqu'il suffit de multiplier les fonctions d'onde atomiques par la fonction U_{r_c}. Ce n'est cependant pas possible ici, puisque les fonctions d'onde, développées sur une base d'onde planes, sont connues dans l'espace réciproque. Il va donc falloir déterminer la transformée de Fourier de la fonction U_{r_c} :

$$U_{r_c}(\mathbf{G}) = \int d\mathbf{r} \, U_{r_c}(\mathbf{r}) e^{-i\mathbf{G} \cdot \mathbf{r}} \tag{4.3}$$

Lorsqu'on se trouve dans un système de coordonnées sphériques, il est toutefois plus naturel de calculer la transformée de Fourier d'une fonction à l'aide d'harmoniques sphériques. Il suffit pour cela de projeter le terme $e^{-i\mathbf{G} \cdot \mathbf{r}}$ sur une base d'harmoniques sphériques [109] :

$$e^{-i\mathbf{G} \cdot \mathbf{r}} = 4\pi \sum_{l=0}^{\infty} \sum_{m=-l}^{l} i^l j_l(Gr) Y_{lm}^\star(\hat{\mathbf{G}}) Y_{lm}(\hat{\mathbf{r}}) \tag{4.4}$$

où les fonctions Y_{lm} sont les harmoniques sphériques en question et où les symboles $\hat{\mathbf{r}}$ et $\hat{\mathbf{G}}$ représentent les parties angulaires respectives des vecteurs $\mathbf{r}$ et $\mathbf{G}$. On obtient alors :

$$\begin{aligned} U_{r_c}(\mathbf{G}) &= \int d\mathbf{r} \, U_{r_c}(\mathbf{r}) \times 4\pi \sum_{l,m} i^l j_l(Gr) Y_{lm}^\star(\hat{\mathbf{G}}) Y_{lm}(\hat{\mathbf{r}}) \\ &= 4\pi \sum_{l,m} i^l Y_{lm}(\hat{\mathbf{G}}) \int_0^{r_c} dr \, r^2 j_l(Gr) \int d\omega \, Y_{lm}(\hat{\mathbf{r}}) \end{aligned} \tag{4.5}$$

où ω désigne un angle solide. Or, $\int d\omega\, Y_{lm}(\hat{\mathbf{r}}) = \sqrt{4\pi}\, \delta_{l0}$ et $Y_{00} = \dfrac{1}{\sqrt{4\pi}}$, donc :

$$
\begin{aligned}
U_{r_c}(\mathbf{G}) &= 4\pi \frac{1}{\sqrt{4\pi}} \int_0^{r_c} dr\, r^2 j_0(Gr)\sqrt{4\pi} \\[2mm]
&= 4\pi \int_0^{r_c} dr\, \frac{r \sin Gr}{G} \\[2mm]
&= 4\pi \left\{ \left[-\frac{r \cos Gr}{G^2} \right]_0^{r_c} + \int_0^{r_c} dr\, \frac{\sin Gr}{G^2} \right\} \\[2mm]
&= 4\pi \left\{ -\frac{r_c \cos Gr_c}{G^2} + \frac{\sin Gr_c}{G^3} \right\} \\[2mm]
U_{r_c}(\mathbf{G}) &= \frac{4\pi r_c^3}{3} \left\{ 3\, \frac{\sin Gr_c - Gr_c \cos Gr_c}{(Gr_c)^3} \right\}
\end{aligned}
\tag{4.6}
$$

Notons tout de suite que la fonction $U_{r_c}(\mathbf{G})$ vérifie :

$$
\lim_{G \to 0} U_{r_c}(\mathbf{G}) = \frac{4\pi r_c^3}{3}
\tag{4.7}
$$

et ne présente par conséquent pas de singularité lorsque $\mathbf{G} \to 0$.

Dans l'espace direct, les fonctions d'onde coupées sont définies par les coefficients $C'_n(\mathbf{r})$, qui s'expriment à l'aide du produit suivant :

$$
C'_n(\mathbf{r}) = C_n(\mathbf{r}) \times U_{r_c}(\mathbf{r})
\tag{4.8}
$$

et qui correspond, dans l'espace réciproque, à un produit de convolution :

$$
C'_n(\mathbf{G}) = \int d\mathbf{G}'\, C_n(\mathbf{G}') \times U_{r_c}(\mathbf{G} - \mathbf{G}')
\tag{4.9}
$$

En posant $x = |\, \mathbf{G} - \mathbf{G}'\,|\, r_c$, on obtient :

$$
C'_n(\mathbf{G}) = \frac{4\pi r_c^3}{3} \int d\mathbf{G}\, C_n(\mathbf{G}') \left(3\, \frac{\sin x - x \cos x}{x^3} \right)
\tag{4.10}
$$

La mise en œuvre de cette démarche va faire appel à des sommes discrètes plutôt qu'à des intégrales et se limiter au volume Ω de la cellule de simulation, ce qui implique une légère modification de l'expression précédente :

$$
C'_n(\mathbf{G}) = \frac{4\pi r_c^3}{3\Omega} \left\{ C_n(\mathbf{G}) + \sum_{y \neq 0} C_n(\mathbf{G}') \left(3\, \frac{\sin y - y \cos y}{y^3} \right) \right\}
\tag{4.11}
$$

avec cette fois $y = \dfrac{2\pi r_c}{a} \mid \mathbf{G} - \mathbf{G}' \mid$, où a est la longueur de la cellule de simulation et $\Omega = a^3$.

Cette opération est effectuée par le programme CPV77_CUT, qui prend en entrée les états propres du système considéré et produit les fonctions d'onde coupées $\mid \psi_n^c \rangle$ en sauvegardant leur norme pour la suite (cf. annexe B).

4.3.3   Populations des orbitales

Une fois obtenues les fonctions d'onde atomiques coupées, il va falloir projeter les orbitales du système sur celles-ci afin d'obtenir les populations, en d'autre mots effectuer un produit scalaire. Puisque nous travaillons dans le cadre des pseudopotentiels de Vanderbilt, il va s'agir d'un produit scalaire au sens de la matrice S, définie par les équations 2.20 et 2.21. Ainsi, pour un type α d'orbitale atomique donné (Cu^{3d} ou O^{2p} par exemple), la population $w_\alpha(n)$ de l'orbitale n du système va s'écrire :

$$w_\alpha(n) = \sum_{N_a(\alpha)} \sum_{i=1}^{N_\alpha} \left[\frac{\langle \psi_n \mid \psi_i^\alpha \rangle + \sum_{nm,I} q_{nm} \langle \psi_n \mid \beta_n^I \rangle \langle \beta_m^I \mid \psi_i^\alpha \rangle}{\mid \psi_i^\alpha \mid} \right]^2 \qquad (4.12)$$

où $N_a(\alpha)$ représente le nombre d'atomes du type α (*e.g.* de cuivre pour une orbitale Cu^{3d}) dans le système, N_α le nombre d'orbitales atomiques α de l'espèce considérée (5 dans l'exemple précédent), et où ψ_n désigne l'orbitale du système dont on veut connaître la population α, les ψ_i^α étant les orbitales atomiques coupées du type α sur lesquelles on projette. Pour être correcte, la projection doit faire appel à des fonctions normalisées ; c'est pourquoi la norme des fonctions d'onde coupées apparaît au dénominateur.

La coupure a également pour conséquence une perte d'information, du fait que les orbitales moléculaires ne sont pas prises en compte dans leur intégralité. Pour une orbitale n donnée, on a toujours $\sum_\alpha w_\alpha(n) < 1$. Pour y remédier, nous avons décidé de redistribuer les populations manquantes de la manière suivante : dans un premier temps, nous avons appliqué notre méthode à un atome de cuivre et un atome d'oxygène isolés ; puis, pour les agrégats, nous avons redistribué la population manquante au *prorata* du manque observé pour chaque type d'orbitale α au sein de ces atomes. Même si nous estimons que l'erreur commise actuellement est de l'ordre de 10%, les populations sont données par nos programmes au pourcent près, dans l'éventualité d'une amélioration des performances de cette méthode. La démarche restera alors la même et les modifications apportées aux codes seront minimisées.

4.3.4   Extension spatiale des orbitales

Si les populations nous donnent une idée quant à la façon dont les orbitales du cuivre et de l'oxygène se combinent entre elles, la visualisation des orbitales elles-mêmes est susceptible de nous apporter des renseignements précieux sur le caractère dominant de la liaison Cu-O au sein des agrégats et d'affiner nos analyses.

La densité électronique en un point donné au voisinage des atomes est de l'ordre de $0,5$ e$^-/$(a.u.)^3. Étant donné que nous nous intéressons avant tout aux liaisons, nous avons décidé de tracer les lignes de niveau pour des valeurs de densité comprises entre 1 et 5% de cette valeur moyenne, soit de 5.10^{-3} à $2,5.10^{-2}$ e$^-/$(a.u.)^3. Lorsque la densité électronique entre les atomes est supérieure à ce 1%, nous considérons que l'orbitale correspondante est liante. Si cette situation apparaît pour des orbitales proches du niveau de Fermi, alors nous considérons que la liaison Cu-O possède un caractère covalent plus prononcé.

4.4   Obtention des états excités

Puisque l'essentiel de notre étude des agrégats CuO_n repose, côté expérimental, sur des spectres de photoélectrons, nous avons souhaité apporter notre contribution à leur interprétation. Si nous parvenons à reconstituer les spectres individuels des différents isomères, il sera alors beaucoup plus facile pour les expérimentateurs de leur assigner les caractéristiques spectrales observées. L'utilisation des énergies propres est totalement inadaptée, car elle ne reproduit pas les processus mis en jeu dans les expériences. Bien que nos calculs reposent sur la DFT, qui est une théorie de l'état fondamental, nous avons donc mis en œuvre une méthode qui permet d'accéder aux énergies des états excités des agrégats, et qui a déjà fonctionné avec succès sur des agrégats de cuivre [9]. Elle consiste à retirer un électron, à tour de rôle, à chaque niveau d'énergie, puis à relaxer les orbitales et la densité. À convergence, l'énergie totale du système est celle de l'état excité correspondant. Cette démarche se déroule en trois étapes :

1. Constituer une base d'orbitales adaptée au traitement des états excités, en ajoutant des états vides au système.

2. Obtenir les énergies des états excités au premier ordre (avant relaxation), à titre indicatif.

3. Relaxer conjointement les orbitales et la densité électronique jusqu'à convergence.

Les calculs d'états excités que nous avons effectués concernent uniquement des systèmes non polarisés en spin.

4.4.1   Ajout d'états vides au système

Lorsqu'on veut déterminer les états excités d'un agrégat, il est nécessaire de disposer des orbitales situées au-delà de l'HOMO (*Highest Occupied Molecular Orbital*), à savoir les états vides. C'est pourquoi nous avons choisi de considérer, dans nos calculs, une base d'orbitales comportant autant d'états vides que d'états occupés. Cette base est construite en déterminant l'état fondamental électronique d'un agrégat chargé dans sa géométrie d'équilibre, mais possédant deux fois plus d'orbitales que lorsqu'il avait un électron excédentaire. Ce qui différencie ce calcul de la première étape d'une optimisation est que la densité électronique n'est pas calculée à chaque pas ; c'est celle de l'agrégat chargé, précédemment optimisé, qui est utilisée.

4.4.2 États excités au premier ordre

Une fois que nous disposons de l'état fondamental du système, il nous suffit de retirer l'électron de notre choix, puis de recalculer la densité électronique, pour obtenir, au premier ordre l'énergie de l'état excité correspondant. Lorsque cette opération a été effectuée pour tous les électrons, nous disposons alors d'un spectre qui peut être comparé aux expériences après avoir subit un élargissement gaussien. Dans tous nos essais, nos énergies ont été convoluées avec de gaussiennes de 0.1 eV de largeur. Il s'avère néanmoins en pratique que ce spectre n'est pas suffisamment précis pour fournir des informations utiles sur les spectres. Il est nécessaire pour cela de prendre en compte les effets du retrait de l'électron, à la fois sur les orbitales et sur la densité [9].

4.4.3 Relaxation des orbitales et de la densité

La suite logique à cette étape consisterait à relaxer les orbitales et la densité électronique selon un schéma autocohérent jusqu'à ce que l'énergie totale du système n'évolue quasiment plus. Cependant, si l'on applique telle quelle cette idée à l'ensemble des orbitales, le schéma diverge systématiquement. La solution consiste à « geler » l'orbitale à laquelle un électron a été retiré, puis à relaxer les autres. La densité, de son côté, est amenée progressivement à sa valeur finale en mélangeant progressivement, après chaque pas, l'ancienne densité à celle nouvellement calculée (cf. figure 4.1). Ainsi, après n pas, la densité sera :

$$\rho^{(n)} = \alpha\bar{\rho}^{(n)} + (1-\alpha)\rho^{(n-1)} \tag{4.13}$$

où $\bar{\rho}^{(n)}$ représente la densité calculée à partir des orbitales au pas n et α désigne un taux de mélange qui varie de 0 à 1 au cours de la simulation. En ajustant habilement et prudemment ce coefficient de mélange des densités, on finit par obtenir l'énergie de l'état excité correspondant. À partir de ce point, il faudrait, en toute rigueur, appliquer ensuite ce schéma uniquement à l'orbitale qui a été gelée, puis recommencer le cycle jusqu'à convergence complète. Nous nous sommes restreints ici à la première étape, car elle donne déjà une précision staisfaisante dans le cas des agrégats Cu_n^-. Après relaxation, l'ordre des énergies peut changer totalement, ce qui confirme que l'obtention des états excités au premier ordre ne permet pas d'établir un raisonnement valable concernant les spectres de photoélectrons.

La présence d'une deuxième espèce dans les agrégats a cependant rendu ce schéma plus instable. Sur le Cray C94, le schéma n'a convergé que pour certaines orbitales de l'isomère *bent*

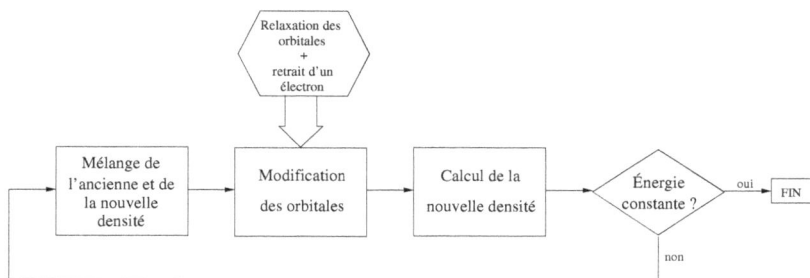

FIGURE 4.1: *Relaxation des orbitales et de la densité pour l'obtention des états excités. À chaque pas, la densité nouvellement calculée est mélangée à l'ancienne suivant un taux de mélange variable ajusté manuellement.*

de CuO_2 (cf. chapitre 6) et a divergé pour les deux autres. Sur le NEC-SX5, les programmes se sont rélévés totalement instables. Seules les énergies au premier ordre ont été obtenues, car le schéma a divergé pour tous les systèmes dès le premier pas, quelle que soit la valeur du paramètre α. Plus de détails à ce sujet peuvent être trouvés dans l'annexe B.

4.5   Présentation des résultats

Le chapitre suivant décrit, essentiellement à travers les propriétés de l'agrégat CuO, la façon dont nous avons mis au point les divers paramètres de simulation et testé nos méthodes d'analyse. Les autres chapitres sont tous bâtis sur un principe unique. Ils ont été conçus de manière à pouvoir être lus presqu'indépendamment du reste du document. Dans chacun d'entre eux, une mise au point est tout d'abord effectuée pour l'agrégat, dans une section intitulée « Au commencement ... », avant la présentation des résultats proprement dits. Celle-ci présente les données qui se trouvaient à notre disposition au début de notre travail et fournit un récapitulatif des calculs que nous avons menés sur l'agrégat concerné.

La section suivante concerne les propriétés structurales des isomères obtenus. Les structures d'équilibre y sont détaillées et comparées, à la fois au niveau géométrique et du point de vue de la stabilité et, lorsque c'est possible, aux travaux déjà existants. Le chapitre concernant CuO_2 est un peu plus étoffé que les autres, puisque nous avons effectué des calculs supplémentaires sur cet agrégat. Pour faciliter le classement des isomères et leur désignation, nous avons adopté une nomenclature compacte en fonction de la taille de l'agrégat et du type des liaisons formées. Nous avons constitué en tout quatre catégories, numérotées en chiffres romains :

La catégorie ...	regroupe ...
I	les isomères où le cuivre forme uniquement des complexes du type $O_m Cu(O_2)_n$ et où m peut être nul.
II	les molécules du type $O_m(OCuO)(O_2)_n$, dans lesquelles l'angle $\widehat{OCuO}$ est supérieur à 90° et où m et n peuvent être nuls.
III	les agrégats au sein desquels l'atome de cuivre se lie avec un ou plusieurs groupements O_3.
IV	les systèmes qui ne rentrent dans aucune autre catégorie.

Au sein de chaque catégorie, ou groupe d'isomères, les variantes géométriques se distinguent les unes des autres par l'ajout d'une lettre (a, b, c, ...). Chaque structure d'équilibre est ainsi désignée par deux chiffres et une lettre :

[nombre d'atomes d'oxygène (en chiffres arabes)]-[catégorie][variante]

Par exemple, 6-IIIa est une structure d'équilibre de l'agrégat CuO_6 possédant un ou plusieurs groupements O_3. Pour éviter toute confusion, chaque catégorie a préséance sur celles qui lui sont inférieures. Ainsi, un agrégat possédant une structure de type $OCuO$ et où l'atome de cuivre forme également des complexes sera obligatoirement dans la catégorie II (voir par exemple la figure 10.3, page 117).

Enfin, dans une troisième section, nos résultats concernant les propriétés électroniques des différents isomères sont exposés. Pour CuO_2, nous avons décidé de les présenter de manière très détaillée pour chaque isomère, alors que dans les autres cas nous avons plutôt fait en sorte de faciliter la comparaison.

Dans toute la série, nous avons au moins considéré les agrégats dans deux états de charge et de spin. Afin de les distinguer aisément, nous les avons étiquetés [Q=x - S=y], où "x" est la charge totale du système considéré et "y" son spin total. Des calculs non polarisés ont également été effectués pour CuO_2 et CuO_3. Dans ce cas, le spin est noté S=N/D (pour « non défini »).

4.6   Tour d'horizon des agrégats

Avant de rentrer plus avant dans le détail, nous estimons important de fournir une synthèse de nos résultats, pour permettre au lecteur d'avoir une vue d'ensemble de cette série d'agrégats. Les données issues des 180 ensembles de calculs (optimisations, analyses et simulations diverses) sont très nombreuses, ce qui rend parfois la comparaison difficile. Elles ont fait l'objet d'un traitement très rigoureux et ont été regroupées dans une base de données (cf. annexe C), afin d'éviter toute fausse manœuvre et de faciliter leur manipulation. Nous souhaitons ici seulement reprendre les informations exposées dans les chapitres suivants, en les restructurant de manière à répondre aux questions essentielles concernant la série CuO-CuO_6.

	CuO$_2$	CuO$_2^-$	CuO$_3$	CuO$_3^-$	CuO$_4$	CuO$_4^-$	CuO$_5$	CuO$_5^-$	CuO$_6$	CuO$_6^-$
Calculs	30		24		28		48		50	
Géométries	3	3	4	4	6	6	9	11	10	11
	3		4		7		13		13	
Plus stable	2-Ia $S=1/2$	2-IIa $S=1$	3-Ib $S=3/2$	3-Ib $S=1$	4-Ia $S=1/2$	4-Ia $S=0$	5-IIIa $S=3/2$	5-IIIa $S=0$	6-IIIa $S=1/2$	6-IIIa $S=1$
E$_b$ (eV/at)	2,25	—	2,60	—	2,86	—	2,87	—	2,87	—
Suivant	2-IIa $S=3/2$	2-IIa $S=0$	3-Ib $S=1/2$	3-Ib $S=0$	4-Ia $S=3/2$	4-[IIIa,Ia] $S=1$	5-IIIa $S=1/2$	5-IIIa $S=1$	6-[Ia,IIIa] $S=[1/2,3/2]$	6-I*
ΔE$_b$ (meV/at)	100	130	50	10	30	130	10	20	10	10
Moins stable	2-Ia $S=3/2$	2-Ib $S=0$	3-IIIa $S=3/2$	3-IIIa $S=0$	4-IIa $S=3/2$	4-IIb $S=0$	5-IIa $S=3/2$	5-IIa $S=0$	6-IIa $S=1/2$	6-IIc $S=0$
ΔE$_b$ (meV/at)	270	740	500	460	430	900	550	380	810	270

TABLEAU 4.1: *Récapitulatif des propriétés structurales de la série d'agrégats : nombre de calculs effectués, nombre de géométries d'équilibre différentes obtenues, isomère le plus stable avec son énergie de cohésion, isomère suivant et différence d'énergie, et enfin isomère le moins stable comparé énergétiquement au plus stable. La présence d'une étoile (*) signifie que tous les isomères en question sont concernés.*

Le tableau 4.1 présente, pour chaque agrégat neutre ou chargé, le nombre de calculs effectués, le nombre de géométries différentes observées, les caractéristiques principales des deux isomères les plus stables et du moins stable, ainsi que leur énergie de cohésion (pour le plus stable) ou différence d'énergie par rapport au plus stable. Ce tableau, associé à la figure 4.2, constitue véritablement un condensé des propriétés structurales de la série d'agrégats et peut fournir une aide appréciable lors de la recherche d'informations plus spécifiques. On peut en outre y distinguer les isomères les plus susceptibles d'être observés *a priori* dans les spectres de photoélectrons, même si pour confirmer cela, la prise en compte des effets de la température s'avérera nécessaire.

Le nombre de géométries différentes augmente de plus en plus rapidement jusqu'à CuO$_5$, puis marque un palier pour CuO$_6$. Toutes les géométries sont observées à chaque fois pour CuO$_2$ et CuO$_3$, contrairement aux autres agrégats, où la variété dépend à la fois de la charge et du spin. Les isomères du groupe I sont favorisés de CuO$_2$ à CuO$_4$, sauf pour CuO$_2^-$, tandis que c'est le groupe III qui est mis en valeur pour CuO$_5$ et CuO$_6$. CuO$_2^-$ est d'ailleurs le seul de la série pour lequel une géométrie de type II est fortement stabilisée. Dans tous les autres cas, l'agrégat le plus stable présente la même géométrie quelle que soit la charge. Pour les agrégats neutres, l'énergie de cohésion par atome augmente régulièrement jusqu'à CuO$_4$, puis sature à partir de CuO$_5$. Étant donné que nous n'avons pas tenu compte des corrections dues aux interactions entre les charges dans les différentes boîtes images, nous ne présentons pas les résultats pour les énergies de cohésion des systèmes chargés. Cependant, nous donnons dans la suite de ce travail les différences d'énergie entre les différents isomères, calculées toujours par rapport à l'isomère le plus stable.

Dans la plupart des cas, l'agrégat suivant en terme de stabilité possède la même géométrie

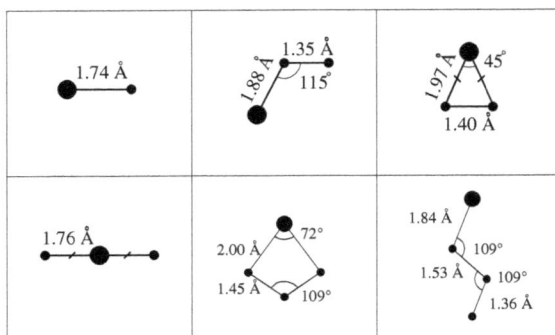

FIGURE 4.2: *Blocs structuraux observés dans la série d'agrégats. La géométrie moyenne au sein de l'agrégat neutre est représentée pour chacun d'entre eux.*

que le plus stable, mais avec un spin différent, et reste très proche en énergie (de 10 à 30 meV/at). CuO_2, CuO_2^- et CuO_4^- sortent néanmoins du lot, avec une différence d'énergie beaucoup plus importante, comprise entre 100 et 130 meV/at. Dans ces trois cas, on s'aperçoit que les isomères du groupe I ont été défavorisés pour l'état de spin le plus élevé. Lorsqu'on regarde en direction de CuO_6, la situation se complexifie de manière significative. Dans le cas chargé, l'isomère 6-IIIa et tous les isomères du groupe I se situent dans une gamme d'énergie de 10 meV/at de large. Il semble alors que le nombre de possibilités d'arrangement offertes aux atomes leur permettent d'optimiser de façon variée leurs liaisons avec les autres.

Favorisés pour CuO_2, les isomères du groupe II disparaissent dans le cas de CuO_3 puis sont systématiquement les moins stables à partir de CuO_4. Au niveau des agrégats chargés, cette situation se produit toujours pour un spin nul. En termes d'énergie, si l'étendue de la gamme occupée reste essentiellement comprise entre 250 et 500 meV/at, elle s'étire jusqu'à 900 meV/at pour CuO_4^- et 810 meV/at pour CuO_6. On observe également une différence de 740 meV/at pour CuO_2^-, qui fait ici figure d'exception puisqu'il présente un visage à l'opposé des autres : le plus stable appartient à la catégorie II et le moins stable au groupe I. CuO_2 lui non plus n'est pas en reste, car son isomère le plus stable devient le moins stable dès qu'on augmente le spin. En ce qui concerne CuO_3, on constate qu'un spin élevé déstabilise assez fortement l'isomère 3-IIIa, alors que c'est plutôt le contraire pour les autres agrégats.

La figure 4.2 présente les différents blocs structuraux observés dans la série d'agrégats. On y voit la géométrie moyenne adoptée par le cuivre et l'oxygène lorsque le premier s'associe avec un oxygène isolé, avec deux atomes d'oxygène ou encore avec une molécule d'ozone. Ces blocs apparaissent progressivement de CuO à CuO_3 et se combinent entre eux en partageant leur atome de cuivre dans les agrégats plus gros.

Chapitre 5

Mise au point des calculs : l'agrégat CuO

5.1 Motivations

L'agrégat CuO a fait l'objet de nombreux travaux depuis près d'un siècle. Après une première étude par spectroscopie en 1912 [110], il a été abondamment et diversement caractérisé [111–125]. Il a également été la cible d'un certain nombre d'études théoriques [7, 126–131], reposant sur des bases semi-empiriques, sur la DFT, ou allant même jusqu'au niveau des interactions de configurations (CI). Ses propriétés structurales sont donc aujourd'hui connues avec précision, et ses propriétés électroniques montrent bien que la vision d'un agrégat Cu^+O^- est nettement insuffisante pour leur compréhension, car la liaison Cu-O n'y est pas aussi ionique que prévue. Notre objectif n'était pas d'apporter de nouvelles informations le concernant, mais plutôt d'utiliser celles qui sont déjà disponibles pour mettre au point et valider les paramètres de simulation qui nous ont servi pour toute la série d'agrégats. Elles nous ont également permis de tester les codes que nous avons développés, et d'observer l'influence des approximations d'échange-corrélation sur les propriétés structurales et électroniques.

Nous avons ajusté les paramètres de simulation en déterminant des grandeurs physiques, comme l'énergie de cohésion et la distance de liaison Cu-O, ou en nous basant sur la loi de conservation de l'énergie mécanique. Les premières nous ont fourni les valeurs optimales des énergies de coupure pour les fonctions d'onde et la densité, ainsi que la taille minimale de la cellule de simulation, tandis que la seconde nous a indiqué quelle masse fictive et quel pas d'intégration utiliser pour la dynamique moléculaire. Dans les sections qui suivent, nous présentons cette démarche de manière séquentielle, même si, en réalité, toutes les opérations nécessaires ont eu lieu simultanément. Au moment où nous avons effectué ces premiers calculs, nous ne disposions pas des routines permettant de traiter les systèmes polarisés en spin en conjonction avec des corrections de gradient ; c'est pourquoi, mis à part le cas des atomes isolés, ils sont essentiellement de type non-polarisé.

Système	Approximation	Occupation	Spin	$E_{\text{tot}}^{\text{KS}}$ (u.a.)
Cu	LDA	$3d^{10}4s^1$	N/D	$-50{,}07914$
Cu	LDA	$3d^{10\times\frac{9}{10}}4s^2$	N/D	$-50{,}01751$
Cu	PW91	$3d^{10}4s^1$	N/D	$-50{,}04426$
Cu	PW91	$3d^{10\times\frac{9}{10}}4s^2$	N/D	$-49{,}98289$
O	LDA	$2s^2 2p_x^2 2p_y^1 2p_z^1$	N/D	$-15{,}68729$
O	LDA	$2s^2 2p_x^{4/3} 2p_y^{4/3} 2p_z^{4/3}$	N/D	$-15{,}70081$
O	PW91	$2s^2 2p_x^2 2p_y^1 2p_z^1$	N/D	$-15{,}75379$
O	PW91	$2s^2 2p_x^{4/3} 2p_y^{4/3} 2p_z^{4/3}$	N/D	$-15{,}76389$
Cu	LSDA	$3d^{10}4s^1$	1/2	$-50{,}08596$
Cu	LSDA	$3d^{10\times\frac{9}{10}}4s^2$	0	$-50{,}02820$
Cu	PW91	$3d^{10}4s^1$	1/2	$-50{,}05312$
Cu	PW91	$3d^{10\times\frac{9}{10}}4s^2$	0	$-50{,}01379$
O	LSDA	$2s^2 2p_x^2 2p_y^1 2p_z^1$	1	$-15{,}75874$
O	LSDA	$2s^2 2p_x^{4/3} 2p_y^{4/3} 2p_z^{4/3}$	0	$-15{,}75603$
O	PW91	$2s^2 2p_x^2 2p_y^1 2p_z^1$	1	$-15{,}83683$
O	PW91	$2s^2 2p_x^{4/3} 2p_y^{4/3} 2p_z^{4/3}$	0	$-15{,}80879$

TABLEAU 5.1: *Paramètres de référence pour le calcul des énergies de cohésion. L'état de référence du cuivre est le même partout, tandis que l'oxygène en présente deux différents suivant que le calcul est polarisé en spin ou non.*

5.2   Calculs préliminaires : Cu et O

Afin de pouvoir calculer les énergies de cohésion des agrégats, il est nécessaire auparavant de définir un état de référence pour les atomes isolés et de connaître leur énergie totale. Cet état de référence nous est fourni par l'occupation des orbitales atomiques qui permet d'obtenir l'énergie totale la plus basse pour un atome neutre. Sa détermination doit bien sûr être refaite après chaque changement dans les paramètres de simulation. Le tableau 5.1 regroupe les essais que nous avons effectué pour des calculs polarisés en spin ou non. Pour le cuivre, dans les deux cas, une configuration de valence $3d^{10}4s^1$ correspond au minimum d'énergie (nous n'avons pas reporté les autres cas dans le tableau). L'oxygène, par contre, présente deux états de référence différents selon que le spin est pris en compte ou non. Si c'est le cas, l'utilisation de la règle de Hund suffit pour le trouver ; pour les calculs non polarisés, le minimum d'énergie est par contre obtenu pour une occupation fractionnaire des orbitales $2p$.

5.3   Énergies de coupure et taille de la cellule

Deux paramètres conditionnent de manière cruciale toutes les simulations, quel que soit le système étudié : ce sont les énergies de coupure et la taille de la cellule. La difficulté

E_{cut}^{wf}	E_{cut}^{dens}	L	E_b (eV)	d_{eq} (Å)	Mémoire (Mo)	τ_{conv} (u.t.a.)
15	100	25	4,67	1,76	243	20000
15	150	25	4,66	1,76	284	20000
15	200	25	4,66	1,76	380	20000
20	100	25	4,95	1,73	258	20000
20	150	25	4,96	1,73	300	20000
20	200	25	4,96	1,73	411	20000
25	100	25	4,96	1,72	290	28000
25	150	25	4,97	1,73	332	28000
25	200	25	4,96	1,73	427	28000
30	300	30	4,97	1,73	—	—

TABLEAU 5.2: *Convergence de l'énergie de cohésion E_b et de la distance d'équilibre d_{eq} par rapport aux deux énergies de coupure E_{cut}^{wf} (fonctions d'onde) et E_{cut}^{dens} (partie augmentée) pour l'agrégat CuO. Les énergies de coupure sont exprimées en Rydberg et le paramètre L, exprimé en unités atomiques, désigne la longueur du côté de la cellule de simulation. La grandeur τ_{conv} correspond au temps de simulation nécessaire pour optimiser la géométrie de l'agrégat CuO.*

associée aux pseudopotentiels de Vanderbilt réside dans le fait qu'il y a deux énergies de coupure à optimiser simultanément, car les choix du nombre d'onde planes utilisées pour les fonctions d'onde et la densité sont indépendants, contrairement au cas des pseudopotentiels à norme conservée. Pour déterminer les énergies de coupure optimales, nous avons mené trois séries d'optimisations de la géométrie de l'agrégat CuO, correspondant à trois valeurs différentes de l'énergie de coupure pour les fonctions d'onde. Pour chacune de ces valeurs, nous avons fait varier l'énergie de coupure de la partie augmentée de la densité. Aux fins de vérification, un calcul supplémentaire a ensuite été effectué pour des valeurs abitrairement élevées. Nous nous sommes intéressés, dans chaque cas, à la distance d'équilibre et à l'énergie de cohésion du système. Nous avons également considéré l'occupation mémoire et la rapidité de la convergence. Cette dernière a été mesurée à l'aide d'une durée de simulation fictive plutôt que par le nombre de pas de simulation, puisque le pas d'intégration Δt varie au cours de l'optimisation, en raison de l'évolution plus rapide du système au début de la simulation. Fictive, car la simulation concerne l'annulation de degrés de libertés fictifs. Énoncé autrement, τ_{conv} est la durée nécessaire, dans l'espace temporel fictif de la simulation, pour parvenir à l'état fondamental électronique.

Nous avons montré ici les résultats obtenus pour une cellule de $L = 25$ u.a. de côté, bien qu'en réalité nous les ayons effectués pour différentes tailles de cellule. Dans le tableau 5.3, nous nous bornons à illustrer ce qui se passe lorsque cette taille varie, après avoir fixé les énergies aux valeurs optimales trouvées précédemment. Nous avons pu constater qu'une cellule

L (u.a.)	d_{Cu-O} (Å)	E_b (eV)
10	1,68	5,12
15	1,71	5,01
20	1,73	4,96
25	1,73	4,96
30	1,73	4,96

TABLEAU 5.3: *Convergence de l'énergie de cohésion et de la distance de liaison de CuO par rapport à la taille de la cellule de simulation. Le choix que nous avons retenu pour la série* CuO_n *apparaît sur fond gris.*

de longueur L = 20 a.u. était suffisante pour CuO. Cependant, afin d'étudier toute la série d'agrégats dans le contexte le plus homogène possible, nous avons pris une taille de 25 a.u. pour toutes les simulations.

Comme test ultime de la convergence, une série de calculs a été effectuée en cours de production sur l'agrégat CuO_3. Ceux-ci consistaient à déterminer, dans une cellule de 30 u.a. de côté, avec des énergies de coupure de 30 Ry pour les fonctions d'onde et 300 Ry pour la partie augmentée de la densité électronique, les géométries d'équilibre et les énergies des isomères précédemment recensés. Les variations constatées par rapport aux autres calculs sont inférieures à 5 meV pour les énergies et à 0,5% pour les caractéristiques géométriques, ce qui confirme la pertinence des paramètres choisis initialement.

5.4   Paramètres dynamiques

Cinq paramètres gouvernent la dynamique de toutes nos simulations : ce sont la masse fictive, le pas d'intégration, le préconditionnement et les coefficients de frottement appliqués aux ions et aux degrés de liberté électroniques fictifs. Lors de la détermination de l'état fondamental électronique, seul le rapport $\frac{\Delta t}{\mu}$ est important, puisque les ions sont fixes. Leurs valeurs peuvent donc être choisies de manière arbitraire. Afin de garantir à la fois la stabilité de la minimisation et un temps de calcul convenable, ce rapport est ajusté au cours de la simulation. Pour tout les agrégats étudiés ici, une valeur de 10000 pour les 500 premiers pas, puis de 1000 ensuite s'est avérée tout a fait adaptée.

Puisque l'état fondamental électronique est obtenu par dynamique amortie, nous avons effectué une série d'essais pour le coefficient de frottement à appliquer aux degrés de liberté électroniques. Une valeur de 5% a permis d'aboutir rapidement à la convergence en limitant les éventuelles oscillations, et nous l'avons conservée dans tous les cas où les électrons subissent un amortissement.

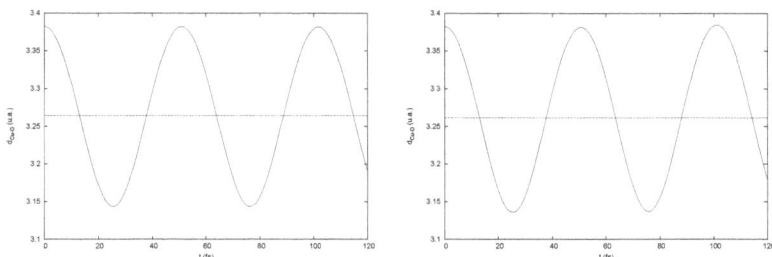

FIGURE 5.1: *Oscillations de* CuO *(à gauche) et* CuO⁻ *(à droite) autour de leur structure d'équilibre respective. La ligne horizontale accompagnant chaque courbe indique la distance Cu-O à l'équilibre. Les deux distances d'équilibre diffèrent seulement de 0,002 Å.*

Pour accélérer les optimisations, nous avons testé différentes valeurs de préconditionnement, comprises entre 1 et 20 Ry. Pour 3 Ry, l'état fondamental a été obtenu rapidement et aucune oscillation de l'énergie n'a été observée à l'approche de la convergence. Nous avons conservé cette valeur pour toute la série CuO_n. Selon toute probabilité, le préconditionnement optimal devrait varier avec les systèmes étudiés, mais l'expérience montre qu'il n'est réellement sensible qu'aux espèces en présence, et pas au nombre d'atomes. Avec 3 Ry, nous n'avons observé des oscillations que dans six cas seulement sur toute la série d'agrégats, ce qui signifie que cette valeur est optimale à 97%.

Lorsqu'on souhaite effectuer une simulation de dynamique moléculaire, la masse fictive attribuée aux degrés de libertés électroniques et le pas d'intégration deviennent critiques et doivent être ajustés simultanément. Cette opération manuelle, à la fois simple et délicate, est considérée comme réussie lorsque « l'énergie totale du système est conservée sur une durée suffisamment longue ». Elle consiste, pour chaque jeu de paramètres choisis, à mener une série de simulations de dynamique moléculaire à partir d'une configuration géométrique différente de la structure d'équilibre et à observer les oscillations des systèmes test sur plusieurs périodes. Avec $\Delta t = 3$ u.a. et $\mu = 600$ u.a., des simulations de 2000 pas permettent d'observer trois périodes complètes d'oscillation de CuO et de déterminer sa distance d'équilibre. Les données de la figure 5.1, où deux périodes complètes ont été représentées pour CuO et CuO⁻, permettent d'obtenir directement leurs distances d'équilibre (3,26 u.a., soit 1,73 Å pour les deux) et leurs fréquences de vibration (652 et 670 cm^{-1} respectivement).

Lorsque la LDA est utilisée sans correction, la conservation de l'énergie E_{cont} est stricte. Toutefois, lorsqu'une correction de gradient est appliquée, cette énergie n'est plus conservée qu'en moyenne, sur une période d'oscillation. Notre hypothèse à ce sujet est que, lorsque

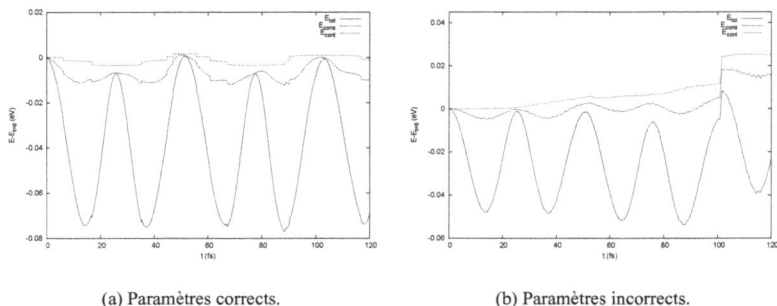

(a) Paramètres corrects. (b) Paramètres incorrects.

FIGURE 5.2: *Évolution des énergies lors d'une dynamique moléculaire sur CuO. L'énergie cinétique fictive des degrés de liberté électroniques est incluse dans l'énergie totale E_{cont}, mais pas dans E_{cons}. 5.2a : paramètres de simulation corrects $\Longrightarrow$ l'énergie totale est conservée en moyenne (GGA) - 5.2b : paramètres incorrects $\Longrightarrow$ l'énergie totale subit une dérive constante, aggravée aux alentours de 100 fs par l'usage de la GGA.*

les ions traversent un point de la grille de simulation, le gradient de densité subit une légère discontinuité, d'où les petits « sauts » d'énergie observés sur la figure 5.2a. Si les paramètres choisis sont incorrects, l'énergie totale du système subit par contre une dérive permanente qui est fortement amplifiée par l'usage des GGA (figure 5.2b).

Pour les optimisations, nous avons constaté qu'un coefficient de frottement de 1% appliqué aux ions, tout en conservant la valeur de 5% pour les électrons, nous a mené le plus rapidement à la structure d'équilibre de CuO et CuO^-. Nous avons pu également, du fait de l'amortissement, augmenter le pas d'intégration jusqu'à 20 u.a., tout en gardant la même masse fictive pour les électrons.

5.5 Populations des orbitales moléculaires

5.5.1 Rayons de coupure

Avant de calculer les populations au sein des agrégats, il est indispensable de choisir des rayons de coupure pertinents pour le cuivre et l'oxygène. D'un côté, ces rayons devront être aussi grands que possible afin de prendre en compte le maximum de charge autour des atomes, et de l'autre, il faudra tout de même qu'ils soient suffisamment petits pour pouvoir négliger le recouvrement entre les atomes.

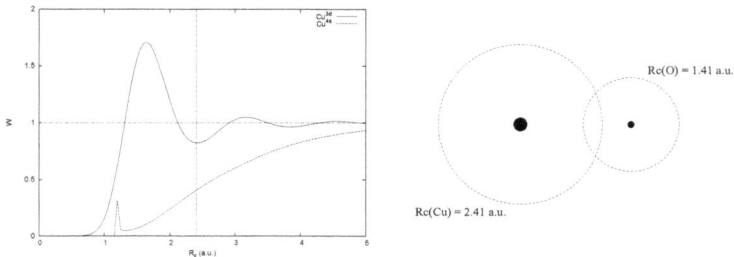

FIGURE 5.3: *Influence du rayon de coupure sur les populations des orbitales $3d$ et $4s$ d'un atome de cuivre. Dans l'idéal, ces deux populations devraient être égales à 1 (trait horizontal discontinu). Le trait vertical correspond au rayon de coupure que nous avons choisi. Le recouvrement engendré pour CuO par le choix des rayons de coupure du cuivre et de l'oxygène est représenté à droite des courbes.*

Nous avons pour cela étudié l'influence du rayon de coupure sur les différents types d'orbitale du cuivre et de l'oxygène. Comme on peut le voir sur la figure 5.3, les populations du cuivre obtenues lorsque ce rayon se situe à l'intérieur de la région du cœur ne sont pas acceptables, puisque des valeurs supérieures à l'unité peuvent être observées. Le trait vertical correspond au rayon de coupure du pseudopotentiel r_c^{pp}. Pour des rayons plus grands, les populations des orbitales $3d$ suivent un régime d'oscillations amorties pouvant parfois dépasser légèrement l'unité. L'orbitale $4s$ y évolue quant à elle de manière monotone et lente. Dans le cas de l'oxygène, nous n'observons pas de populations supérieures à l'unité pour l'atome isolé, mais la situation se produit pour O_2 dès que r_c dépasse 1,6 a.u. Nous avons donc décidé de fixer le rayon de coupure à une valeur très légèrement supérieure à celle de r_c^{pp}, soit 2,41 u.a. pour le cuivre et 1,41 .u.a pour l'oxygène (à droite de la figure 5.3). Ce choix présente un certain avantage, car il minimise le recouvrement. Il nous permet de récupérer :

95%	des orbitales $3d$ du cuivre ;
40%	des orbitales $4s$ du cuivre ;
12%	des orbitales $4p$ du cuivre ;
79%	des orbitales $2s$ de l'oxygène ;
68%	des orbitales $2p$ de l'oxygène.

Ce sont ces valeurs que nous avons utilisées pour redistribuer les populations manquantes lors de la mise en œuvre de cette démarche sur les agrégats, à une exception près : vu que les orbitales $4p$ du cuivre sont vides dans l'état de référence, et que notre méthode ne détecte que 12% du caractère $4p$, nous avons fait comme si elles avaient été récupérées à 100%. Nous avons en effet considéré qu'il valait mieux sous-estimer leur importance plutôt que de la surévaluer.

5.5.2 Calcul des populations de CuO

Nous présentons ici notre analyse des populations de CuO et CuO⁻ à la fois sous forme numérique (tableau 5.4) et d'une manière plus visuelle, afin de mettre en correspondance les populations relatives des orbitales et leur extension spatiale (figures 5.4 et 5.5). Tous ces éléments nous ont permis d'aborder simultanément sous plusieurs angles les caractéristiques principales de la liaison Cu-O dans la série d'agrégats. En ce qui concerne CuO, nous avons utilisé les figures pour contrôler la pertinence des populations obtenues.

CuO

Orb.	$E - E_F$	Cu^{3d}	Cu^{4s}	Cu^{4p}	O^{2s}	O^{2p}	f_i
1	$-16,38$	3	4	4	88	1	2.00
2	$-3,47$	61	4	1	2	32	2.00
3	$-2,89$	81	0	0	0	19	2.00
4	$-2,64$	86	0	0	0	14	2.00
5	$-1,93$	99	0	0	0	0	2.00
6	$-1,92$	100	0	0	0	0	2.00
7	$-0,77$	40	33	2	0	24	2.00
8	$-0,43$	32	0	3	0	65	2.00
9	$0,00$	26	0	4	0	70	1.00
N_e	—	10.29	0.82	0.26	1.82	3.81	17.00

CuO⁻

Orb.	$E - E_F$	Cu^{3d}	Cu^{4s}	Cu^{4p}	O^{2s}	O^{2p}	f_i
1	$-15,97$	3	4	5	88	1	2.00
2	$-3,33$	56	5	1	2	35	2.00
3	$-2,53$	84	0	0	0	15	2.00
4	$-2,53$	84	0	0	0	15	2.00
5	$-1,62$	100	0	0	0	0	2.00
6	$-1,62$	100	0	0	0	0	2.00
7	$-0,89$	39	45	0	0	15	2.00
8	$-0,00$	29	0	5	0	66	2.00
9	$0,00$	29	0	5	0	66	2.00
N_e	—	10.50	1.09	0.33	1.81	4.27	18.00

TABLEAU 5.4: *Caractères atomiques des orbitales de CuO et CuO⁻. Les orbitales moléculaires ont été projetées sur les orbitales atomiques 3d, 4s et 4p du cuivre, coupées à 2,41 u.a., ainsi que sur les orbitales 2s et 2p de l'oxygène, coupées à 1,41 u.a.*

L'analyse des tableaux et des diagrammes en bâtons nous montre le premier visage des propriétés électroniques de CuO et CuO⁻. On y voit tout d'abord une orbitale à prédominance O^{2s}, séparée des autres de plus de 12,5 eV. Elle est suivie dans les deux cas par cinq orbitales majoritairement Cu^{3d}, dont les trois premières sont hybridées avec des orbitales O^{2p}, au contraire des deux autres. L'orbitale 7 présente quant à elle une triple hybridation $Cu^{3d,4s} - O^{2p}$. Viennent ensuite deux orbitales à caractère O^{2p} dominant, et présentant tout de même une hybridation Cu^{3d}. Lorsqu'il n'est pas inexistant, le caractère Cu^{4p} demeure pour sa part totalement négligeable. On peut constater également que, dans la plupart des cas, les caractéristiques de CuO et CuO$^-$ ne diffèrent que de quelques pourcents.

La dernière ligne de chaque tableau nous donne théoriquement le nombre d'électrons N_e pour chaque type d'orbitale considéré. Étant donné qu'elle repose sur une démarche qui vise en priorité l'évaluation des caractères atomiques état par état, notre méthode n'est cependant pas nécessairement adaptée pour fournir le nombre d'électrons présents sur le cuivre et l'oxygène. Pour cette raison, nous ne nous sommes pas préoccupés de cet aspect pour les autres agrégats. Si l'on en croit les valeurs indiquées ici, l'atome de cuivre de CuO posséderait 11,37 électrons et celui de CuO$^-$ 11,92 ; ceci correspond respectivement à la présence de 5,63 et 6,08 électrons sur l'oxygène. Or, nous savons que le transfert d'électrons est plus important dans le sens Cu $\longrightarrow$ O que dans le sens inverse. Une analyse de Mulliken effectuée à partir d'un calcul de type CI a d'ailleurs évalué celui-ci à 0,6 e^- [129]. Ici, pour l'agrégat neutre, l'oxygène « céderait » 0,37 e^- au cuivre, et dans le cas chargé, c'est ce même cuivre qui récupérerait l'essentiel de la charge excédentaire. Sur ce point, notre approche pourra à l'avenir être améliorée et des essais sont en cours à ce sujet. Pour l'instant, il est fort probable que trop d'importance soit accordée aux projections Cu^{4s} et qu'un poids insuffisant est accordé aux orbitales de type O^{2p}. Rappelons que même si nous donnons les populations au pourcent près, nous estimons que l'erreur commise avoisine les 10%.

Un coup d'œil à l'extension spatiale des orbitales nous fait voir leur autre visage, et montre la complémentarité de cette démarche par rapport à la précédente. Le fait d'avoir tracé le module au carré des fonctions d'onde dans les conditions particulières décrite au chapitre 4 nous permet de bien distinguer la répartition de la charge entre les atomes.

5.5.3 Sensibilité de la méthode

Afin de mieux connaître les limites de notre méthode d'analyse, nous l'avons soumise à un certain nombre de tests en faisant varier certains paramètres. Nous avons tout d'abord regardé comment les résultats étaient modifiés suivant la rigueur apportée pour assurer la convergence. Nous avons pu constater que si l'état fondamental électronique n'était pas déterminé avec suffisamment de précision, les populations pouvaient devenir rapidement totalement différentes, outre le fait que les énergies propres associées aux orbitales peuvent s'ordonner différemment. Des énergies de coupure insuffisantes ont également des conséquences catastrophiques sur les valeurs obtenues. Un *cutoff* de 15 Ry pour les fonctions d'onde peut conduire à une variation

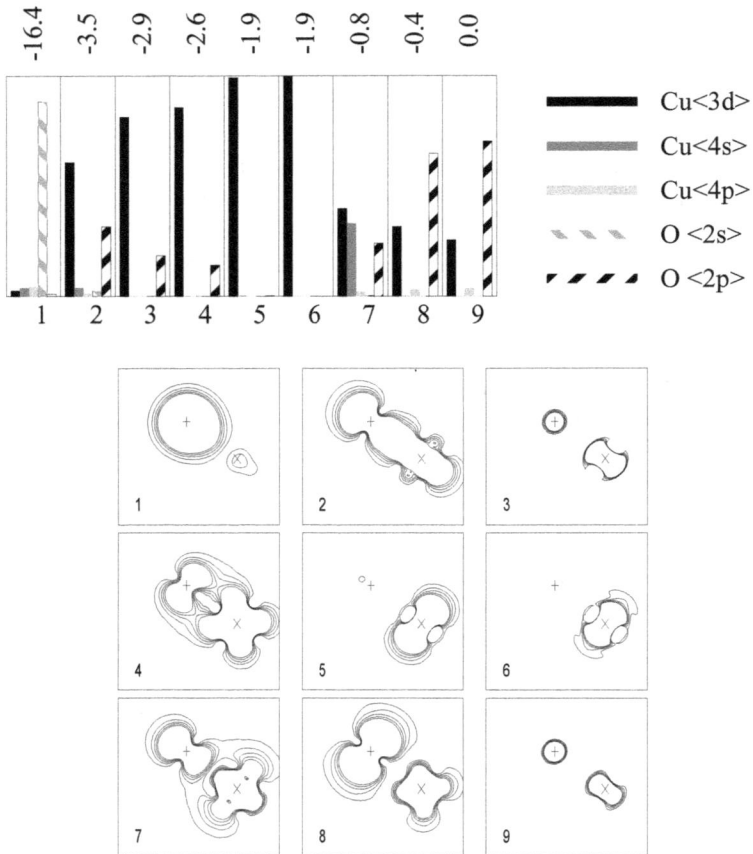

FIGURE 5.4: *Populations (en %) et extension spatiale des orbitales de l'agrégat CuO. Les contours correspondent à des valeurs de $n \times 5 \times 10^{-3}$ $e/(a.u.)^3$, pour n = 1–5 dans le plan de l'agrégat. Le signe $\times$ correspond à l'atome de cuivre, le + à l'atome d'oxygène. Les énergies propres des orbitales (en eV) sont indiquées au-dessus des populations.*

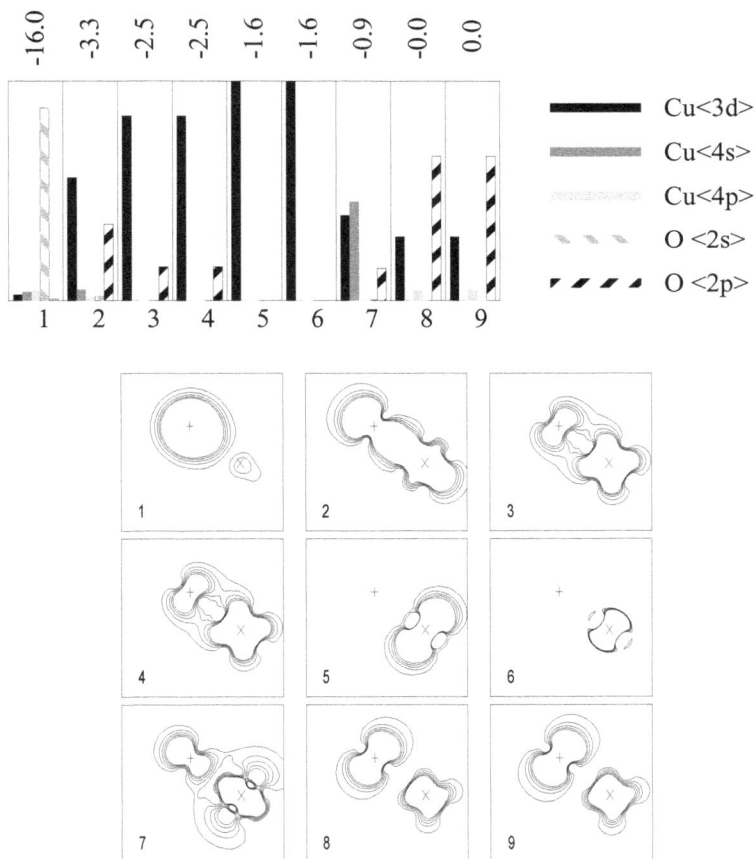

FIGURE 5.5: *Populations (en %) et extension spatiale des orbitales de l'agrégat* CuO^-. *Les contours correspondent à des valeurs de* $n \times 5 \times 10^{-3}$ $e/(a.u.)^3$, *pour n = 1–5 dans le plan de l'agrégat. Le signe* $\times$ *correspond à l'atome de cuivre, le* + *à l'atome d'oxygène. Les énergies propres des orbitales (en eV) sont indiquées au-dessus des populations.*

de plus de 20% de certaines populations par rapport à ce qui est observé pour 20 Ry. Si la même chose se produit pour la densité, ce sont majoritairement les orbitales $3d$ du cuivre et $2p$ de l'oxygène qui sont touchées, causant au final le même genre de dégats, à cause du biais engendré entre les différents types d'orbitale. La convergence est donc un critère très important à respecter pour que l'analyse des populations soit pertinente.

L'autre aspect auquel nous nous sommes intéressés a concerné les réactions provoquées par des changements de géométrie des agrégats. Ces tests ont concerné non seulement CuO, mais aussi CuO_2, CuO_3 et CuO_4. Nous avons pu observer que, tant que les distances varient dans la limite de 3% de leur valeur, les modifications enregistrées dans les populations ne dépassent pas les 10% de marge que nous nous sommes donnés, restant la plupart du temps aux alentours de 5%, et que l'extension spatiale des orbitales est affectée de manière négligeable. Ceci nous permet de conclure que les populations mesurées ne sont que faiblement influencées par de petites variations autour de la géométrie d'équilibre. Cette remarque est importante, car elle nous permet d'utiliser les géométries obtenues lors de calculs polarisés en spin pour effectuer nos analyses, qui requièrent des systèmes non-polarisés.

Chapitre 6

CuO$_2$

6.1 Au commencement ...

L'agrégat CuO$_2$ existe sous deux formes différentes. L'une, le dioxyde de cuivre OCuO, est une molécule linéaire. L'autre est un complexe, Cu(O$_2$), qui peut se présenter sous deux géométries différentes : *bent* ou *side-on* (voir ci-dessous). À température ambiante, seul le complexe est observé, car la formation du dioxyde OCuO requiert une réaction endothermique, ce dernier étant obtenu par photolyse UV du complexe [132].

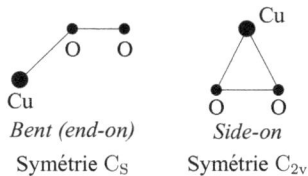

Bent (end-on)   *Side-on*
Symétrie C$_S$ Symétrie C$_{2v}$

De tous les agrégats de cette série, CuO$_2$ est, avec CuO, celui qui a été le plus étudié, tant théoriquement qu'expérimentalement. Il a tout d'abord été caractérisé à basse température, à l'aide d'études en matrices de gaz rare [124, 132–137], mais celles-ci n'ont pas pu fournir de renseignements précis sur la structure et la stabilité du dioxyde de cuivre OCuO. Il a néanmoins été suggéré que cette molécule présentait une géométrie linéaire. Des expériences en phase gazeuse [138–142], complétées par de nouvelles études en matrice [7], ont permis de déterminer plus précisément les propriétés électroniques et les modes de vibration des trois isomères de CuO$_2$. Toutefois, les caractéristiques des spectres de photoélectrons associées au complexe Cu(O$_2$)$^-$ sont de très faible intensité et ne présentent aucun pic bien net, empêchant l'identification de l'isomère en présence.

Parallèlement, une série d'études théoriques utilisant des modèles variés a été entreprise [7, 23, 143–147]. Celles-ci ont reposé aussi bien sur les méthodes de la chimie quantique que sur l'utilisation de la DFT. Elles ont abouti à des résultats parfois contradictoires

FIGURE 6.1: *Configurations initiales choisies pour* CuO_2.

concernant la stabilité des isomères, selon le cadre théorique utilisé : les calculs basés sur la DFT décrivent l'isomère *bent* comme étant le plus stable (agrégat neutre), tandis que ceux de la chimie quantique obtiennent un isomère *side-on* plus stable. Très peu parmi elles se sont intéressées au dioxyde de cuivre OCuO et, au moment où nous avons commencé, aucune d'entre elles n'avaient considéré les trois isomères en même temps. Elles n'ont pas permis de déterminer laquelle des formes du complexe était la plus stable, et donc laquelle était finalement observée dans les spectres.

Afin de fournir un cadre unifié pour interpréter les données et de trancher cette dernière question, nous avons décidé d'étudier, de la manière la plus complète possible, les isomères de CuO_2 à l'aide de la dynamique moléculaire *ab initio* [148, 149]. Pour être certains d'obtenir tous les isomères de CuO_2, nous avons choisi cinq configurations initiales (figure 6.1) que nous avons relaxées dans le cadre de plusieurs approximations pour l'échange-corrélation. Nous avons ensuite comparé leurs propriétés structurales respectives et mis en évidence, dans un cas particulier, une instabilité de l'isomère OCuO, suggérée par une étude publiée pendant que nous menions les calculs [23]. Une simulation de dynamique moléculaire à température finie nous a permis par ailleurs de déterminer quel isomère du complexe $Cu(O_2)$ était effectivement observé. Nous avons également calculé dans chaque cas les populations des orbitales moléculaires et avons tracé l'extension spatiale de leur densité. Dans le but de contribuer plus avant à l'interprétation des spectres de photoélectrons, nous avons aussi essayé de mettre en œuvre une méthode permettant de déterminer les énergies des états excités des agrégats.

6.2   Propriétés structurales

Lors de la détermination des structures d'équilibre de CuO_2 et CuO_2^-, nous retrouvons effectivement les trois géométries proposées auparavant, et aucune autre. La figure 6.2 présente l'effet de la correction de gradient généralisée (PW91) sur la structure d'équilibre des isomères, dans le cas des agrégats neutres et chargés. Aucun de ces calculs n'est polarisé en spin. On y observe nettement l'effet correctif qu'exerce la GGA sur la tendance de la LDA à sous-estimer les distances de liaison, particulièrement pour les liaisons Cu-O. Les géométries obtenues sont compatibles avec les résultats des autres études théoriques.

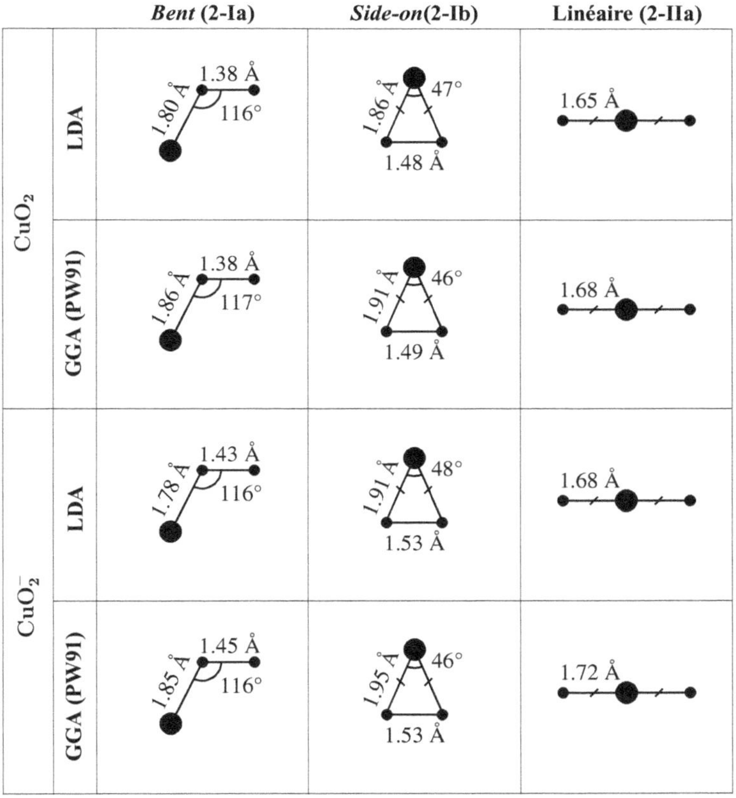

FIGURE 6.2: *Structures d'équilibre de* CuO_2 *et* CuO_2^-, *suivant la présence ou l'absence d'une correction de gradient de type PW91 pour l'échange-corrélation.*

La figure 6.3 montre l'effet de la prise en compte du spin sur les structures d'équilibre des différents isomères. Nous nous sommes limités ici au cas où une correction de gradient est appliquée. Pour les agrégats neutres, on observe systématiquement une augmentation de la distance de liaison Cu-O avec le spin (de 1 à 5%) et une diminution conjointe de la distance O-O. Pour S=3/2, l'isomère linéaire subit même une distorsion, que nous détaillerons dans la section suivante. Dans le cas chargé, par contre, l'influence du spin sur les géométries est beaucoup moins marquée. La distance Cu-O n'augmente pas systématiquement et la distance

O-O reste quasiment inchangée.

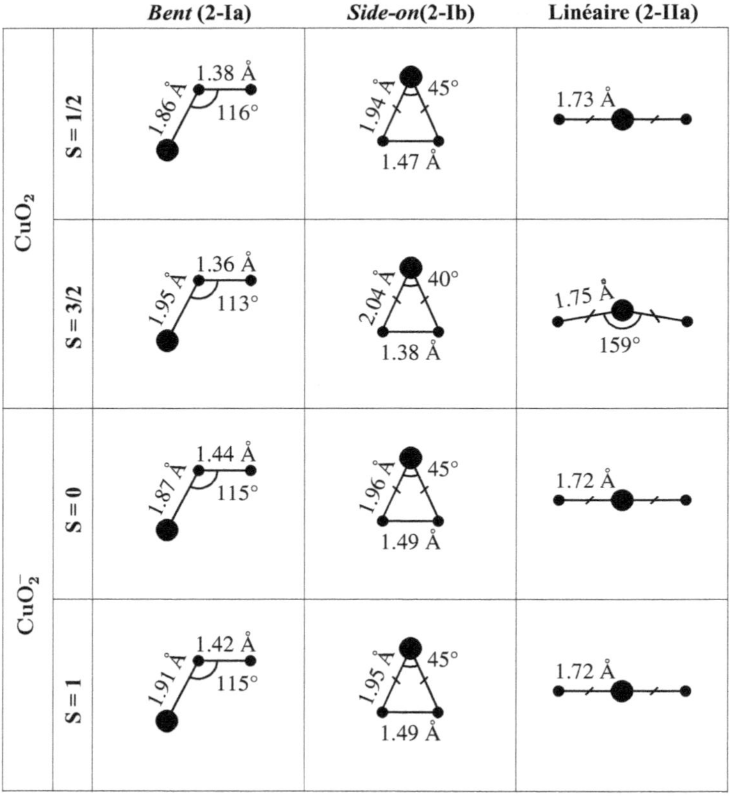

FIGURE 6.3: *Influence du spin sur les structures d'équilibre de CuO_2 et CuO_2^-. Une correction de gradient de type PW91 a été appliquée pour l'échange-corrélation.*

Lorsqu'on s'intéresse à la stabilité de ces agrégats (cf. tableau 6.1), on remarque de nouveau l'effet correctif marqué de la GGA, cette fois-ci sur la tendance de la LDA à surestimer les énergies de cohésion des agrégats. Pour les agrégats neutres, c'est l'isomère *bent* (2-Ia) qui est le plus stable, suivi par l'isomère *side-on* (2-Ib) puis par l'isomère linéaire (2-IIa); sauf un cas (spin 3/2) où il est rattrapé par l'isomère *side-on* et même devancé par l'isomère linéaire « distordu ». En ce qui concerne les agrégats chargés, c'est par contre toujours l'isomère linéaire qui est le plus stable et il se démarque très nettement des autres, avec un écart supérieur à

	Approximation	Spin	E_b^{Ia} (Ev/at)	E_b^{Ib} (Ev/at)	E_b^{IIa} (Ev/at)
CuO_2	LDA	N/D	2,17 $*$	2,09	2,04
		1/2	2,87 $*$	2,76	2,72
	PW91	N/D	1,81 $*$	1,71	1,64
		1/2	2,25 $*$	2,13	2,13
		3/2	1,98	1,99	2,15 $*$
CuO_2^-	LDA	N/D	$-0,42$	$-0,61$	0,00 $*$
		0	$-1,16$	$-1,06$	0,00 $*$
	PW91	N/D	$-0,35$	$-0,53$	0,00 $*$
		0	$-0,52$	$-0,61$	0,00 $*$
		1	$-0,64$	$-0,68$	0,00 $*$

TABLEAU 6.1: *Énergies de cohésion des isomères de* CuO_2 *et* CuO_2^- *(relatives pour* CuO_2^-, *cf. sec. 4.6). Tous les cas que nous avons considérés sont regroupés dans ce tableau. Sur chaque ligne, l'isomère le plus stable est accompagné d'une étoile. La valeur N/D pour le spin signifie que les calculs correspondants sont de type non-polarisé.*

500 meV/at dans la plupart des cas. L'isomère *side-on* fait systématiquement figure de lanterne rouge mais reste toujours relativement proche en énergie de l'isomère *bent*. Plus généralement, on peut dire qu'un spin élevé a tendance à favoriser l'isomère 2-IIa dans le cas chargé, à défavoriser les autres dans le cas neutre, et à être indifférent dans les autres cas.

Dans les spectres de photoélectrons, le premier pic donne l'affinité électronique de la molécule caractérisée. En ce qui concerne CuO_2, le pic enregistré pour l'isomère OCuO est bien distinct de celui du complexe [142]. Nous pourrions donc essayer de discerner lequel des deux isomères est observé en comparant les différences d'affinité électronique entre l'isomère OCuO et les autres. La valeur expérimentale est de 1,93 eV. Pour le *bent*, nous trouvons 2,21 eV et pour le *side-on*, 1,97 eV. Il serait donc tentant, *a priori*, d'attribuer les caractéristiques spectrales au *side-on*. Cependant, comme les deux isomères sont proches en énergie, cet argument nous semble insuffisamment raffiné, et c'est pourquoi prendre en compte les effets de la température nous a paru indispensable.

6.3 Instabilité du quadruplet linéaire neutre

Les calculs de CHERTIHIN *et al.* (réf. [7]) avaient prédit, parmi toutes les géométries obtenues, l'existence d'une structure linéaire neutre dans un état quadruplet. Ce résultat a été remis en question récemment par les travaux de DENG *et al.* [23], qui ont trouvé une fréquence de vibration imaginaire à cette molécule.

Afin de déterminer si elle pouvait être stable dans une géométrie linéaire, nous avons mené une simulation de dynamique moléculaire sur celle-ci. L'état fondamental électronique a tout d'abord été déterminé pour une distance Cu-O supérieure à la distance d'équilibre présumée, puis nous avons laissé la molécule évoluer librement. Après quelques oscillations, celle-ci a finalement adopté une géométrie non linéaire, ce qui confirme bien l'existence d'une fréquence de vibration imaginaire. En plus de cela, nous sommes en mesure de préciser la structure d'équilibre vers laquelle la molécule relaxe. La figure 6.4 illustre dans le détail cette simulation. On peut y voir l'évolution de l'énergie totale de la molécule et la géométrie qu'elle adopte aux points remarquables de la courbe.

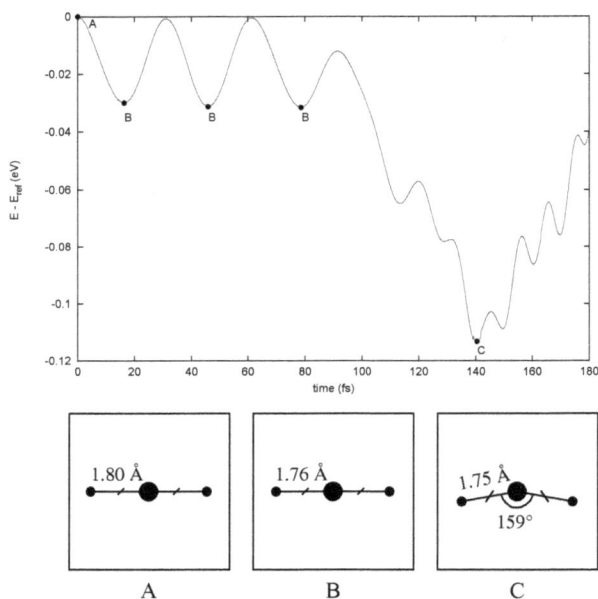

FIGURE 6.4: *Instabilité du quadruplet linéaire neutre. En A : configuration initiale - En B : position d'équilibre instable - En C : Position d'équilibre stable. En haut : évolution de l'énergie potentielle E_{tot}^{KS} au cours de la simulation.*

6.4 Stabilité à température finie

Une question à laquelle aucune étude n'avait pu répondre jusqu'ici était : « quel est l'isomère du complexe $Cu(O_2)^-$ qui est effectivement observé dans ces spectres ? » Grâce à la dynamique moléculaire *ab initio*, il nous est possible d'effectuer des simulations à température non nulle et d'obtenir ainsi des informations précieuses sur la stabilité des agrégats chargés. Nous en avons mené une série comprenant chaque isomère du complexe dans deux états de spin

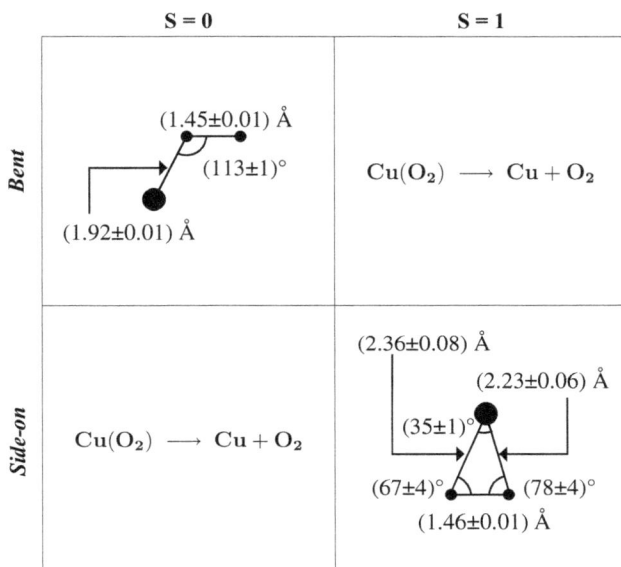

FIGURE 6.5: *Stabilité des deux isomères du complexe* $Cu(O_2)^-$, *suivant le spin total de la molécule. La géométrie moyenne adoptée par les agrégats au cours des 2 ps d'évolution est donnée, ainsi que l'écart quadratique moyen.*

différents, soit quatre calculs au total. Pour chaque simulation, nous avons suivi l'évolution de la molécule pendant 2 ps, avec un pas de 2 u.t.a., à la température de 1000 ± 50 K qui, selon nous, est proche des conditions expérimentales. Les ions ont été maintenus à la température voulue par recalibrage de vitesse (*velocity scaling*, cf. chapitre 3). De telles simulations sont relativement coûteuses en temps de calcul car, avec des agrégats de type CuO_n, il faut compter environ 20000 pas par picoseconde d'évolution de la molécule, soit 2 à 5 fois plus que pour la relaxation d'une géométrie.

Les résultats sont illustrés par la figure 6.5. On y voit que l'isomère *bent* n'est stable que pour un spin total nul, tandis que l'isomère *side-on* ne tient bon que s'il possède un spin égal à 1. Nous en déduisons que les deux isomères apportent une contribution aux spectres, mais chacun dans un état de spin différent.

Il nous semble important de noter ici que, malgré le petit nombre d'atomes composant ces molécules, notre travail est le premier à prendre en compte les effets de la température pour explorer la question de leur stabilité.

6.5   Propriétés électroniques

6.5.1   États excités

Au début de cette étude, nous souhaitions apporter une contribution plus directe à l'interprétation des spectres de photoélectrons, en calculant les énergies associées à l'arrachement d'un électron sur un agrégat chargé. Pour ce faire, nous avons utilisé la méthode expliquée au chapitre 4, qui avait déjà fait ses preuves sur des agrégats de type Cu$_n^-$ [9], et tenté de l'appliquer aux isomères de CuO$_2^-$. Le fait que les calculs aient divergé ne nous permet pas d'apporter, à l'heure actuelle, des arguments pertinents pour l'interprétation des spectres de photoélectrons. Néanmoins, maintenant que les principales causes d'instabilité du programme CPV sur le NEC-SX5 ont été clairement élucidées, il serait intéressant de faire une nouvelle tentative de portage du code CPV77_EXC.

6.5.2   Populations des orbitales

La structure électronique du CuO$_2$ neutre a souvent été décrite comme étant respectivement O$^-$Cu^{2+}O$^-$ et Cu$^+$(O$_2$)$^-$ pour la molécule linéaire et le complexe [132, 141]. Pour examiner les choses sous un angle moins qualitatif, nous avons soumis CuO$_2$ à la méthode de calcul des populations des orbitales moléculaires que nous avons exposée dans le chapitre 4. Nous avons préféré une représentation graphique des orbitales et de leur population, la contrepartie numérique pouvant être obtenue en consultant la base de données *clusters* (cf. annexe C).

Les figures 6.6, 6.7 et 6.8 dressent une sorte de « carte d'identité » des agrégats chargés du point de vue électronique. Pour les trois isomères, les deux premières orbitales ont un caractère O^{2s} très prononcé et sont séparées d'au moins 8 eV des autres orbitales, allant jusqu'à 12 eV pour la molécule linéaire. Les deux complexes présentent des caractéristiques similaires, avec trois orbitales à dominante O^{2p} suivies de cinq autres à prédominance Cu^{3d}. Ils se différencient néanmoins au niveau des deux dernières, où l'isomère *bent* montre une hybridation $Cu^{4s} - O^{2p}$ avec un niveau de Fermi exclusivement O^{2p}, tandis que le *side-on* se distingue par une orbitale très nettement O^{2p} puis une hybride $Cu^{3d} - O^{2p}$. Comme le montre la représentation des orbitales, la liaison Cu-O dans ces deux isomères est plutôt ionique. Les orbitales liantes (3, 4 et 6 pour le *side-on*) sont situées loin en-dessous du niveau de Fermi, alors que les niveaux supérieurs ne montrent pas de recouvrement significatif entre les orbitales du cuivre et de l'oxygène. Les choses se présentent différemment dans le cas de la molécule linéaire. Les deux orbitales O^{2s} y sont suivies par cinq orbitales à prédominance Cu^{3d}, avec un caractère O^{2p} plus prononcé dans la première, et trois de type O^{2p}. L'avant-dernière orbitale montre une triple hybridation $Cu^{3d,4s} - O^{2p}$ et le niveau de Fermi est un mélange $Cu^{3d} - O^{2p}$. En accord avec les résultats exposés dans la référence [23], l'observation des orbitales dénote sans ambiguïté le caractère covalent plus prononcé de la liaison Cu-O au sein de cet isomère.

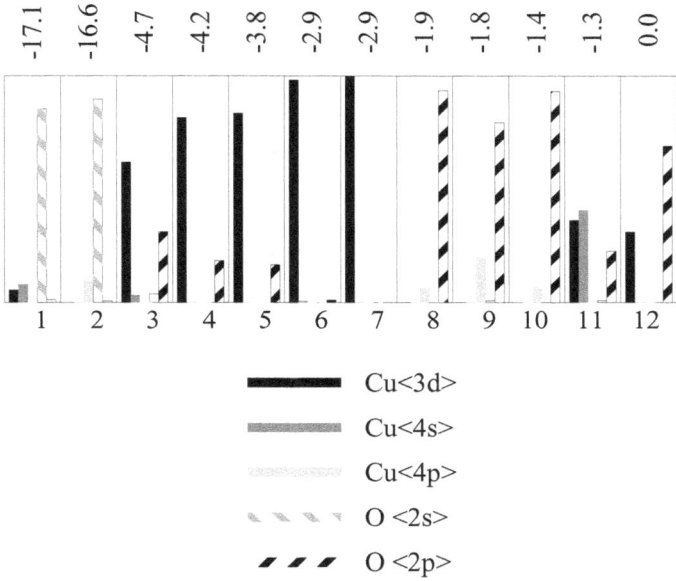

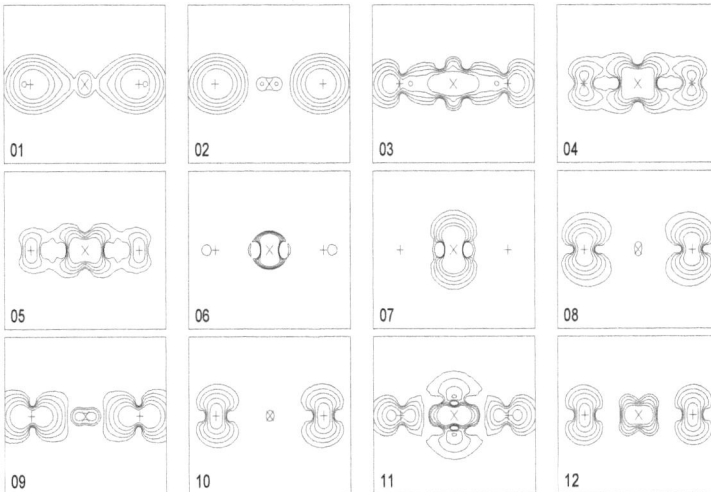

FIGURE 6.6: *Populations et extension spatiale des orbitales de l'agrégat linéaire* $OCuO^-$. *Les contours correspondent à des valeurs de* $n \times 5 \times 10^{-3}\ e/(a.u.)^3$, *pour* $n = 1\text{--}5$ *dans le plan de l'agrégat. Le signe* $\times$ *correspond à l'atome de cuivre, les* $+$ *aux atomes d'oxygène.*

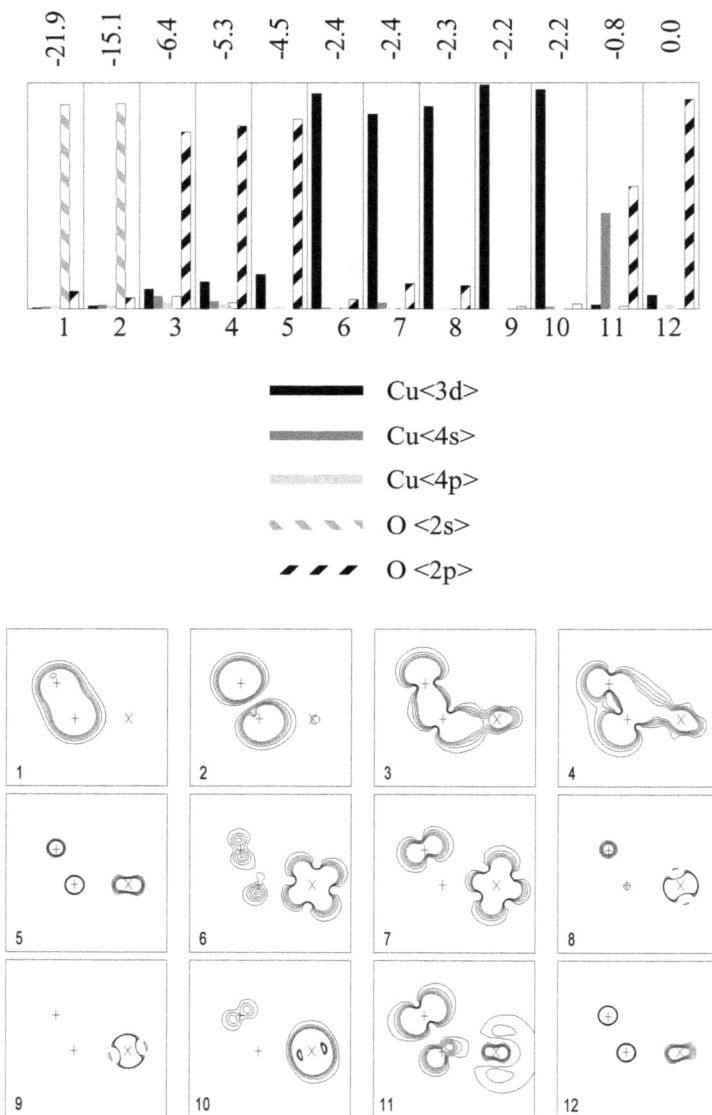

FIGURE 6.7: *Populations et extension spatiale des orbitales de l'isomère* bent *du complexe* Cu(O$_2$)$^-$. *Les contours correspondent à des valeurs de* $n \times 5 \times 10^{-3}$ $e/(a.u.)^3$, *pour* $n = 1$–5 *dans le plan de l'agrégat. Le signe* $\times$ *correspond à l'atome de cuivre, les* + *aux atomes d'oxygène.*

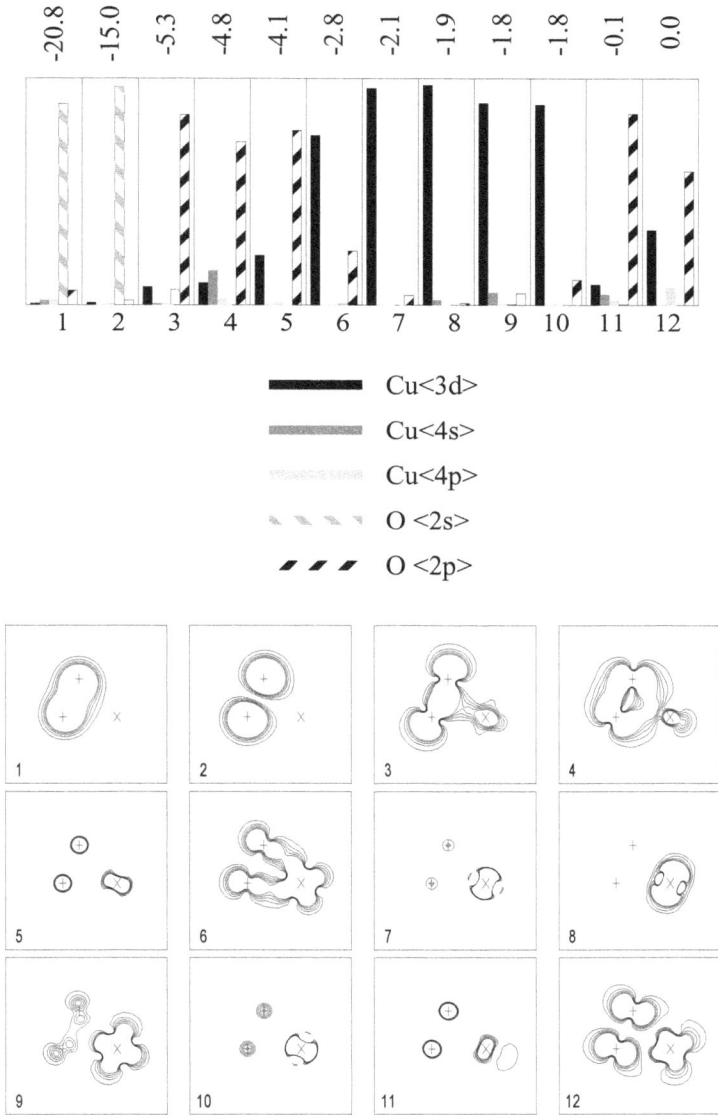

FIGURE 6.8: *Populations et extension spatiale des orbitales de l'isomère* side-on *du complexe* $Cu(O_2)^-$. *Les contours correspondent à des valeurs de* $n \times 5 \times 10^{-3}\ e/(a.u.)^3$, *pour* $n = 1$–5 *dans le plan de l'agrégat. Le signe* $\times$ *correspond à l'atome de cuivre, les* $+$ *aux atomes d'oxygène.*

Chapitre 7

CuO$_3$

7.1 Au commencement ...

L'attention ne s'est vraiment portée sur CuO$_3$ que depuis quelques années. Même si son observation a été rapportée dès le début des années 1980 pour des agrégats en matrice de gaz rare [7, 124, 132] et par chimie-luminescence [150], il a fallu attendre 1997 pour le voir considéré par spectroscopie de photoélectrons en phase gazeuse [142]. Dans cette étude, seul le complexe OCu(O$_2$)$^-$ a été observé et a été considéré comme un agrégat CuO$^-$ « perturbé » par un dimère O$_2$. Les spectres contenaient néanmoins des raies de Cu$^-$, ce qui pourrait correspondre à la présence d'un groupement O$_3$. Dans la référence [7], CuO$_3$ a été caractérisé par spectroscopie infrarouge sur des agrégats en matrice. L'assignation des caractéristiques spectrales s'est basée sur des calculs *ab initio* reposant sur une méthode DFT/B3LYP. Bien que ceux-ci prévoyaient l'existence de trois isomères, seul l'ozonide Cu(O$_3$) (molécule cyclique) a été observé. Très récemment, de nouveaux résultats sur CuO$_3$ ont été publiés. Les uns proviennent de calculs en DFT utilisant respectivement les corrections de gradient B88 et PW91 pour les parties échange et corrélation. Ils rapportent les propriétés structurales et électroniques de CuO$_3^+$, CuO$_3$ et CuO$_3^-$ [147]. Les autres ont été obtenus par une approche de type DFT hybride, utilisant l'échange exact de BECKE B3, associé à deux fonctionnelles différentes, P86 et LYP, pour la partie corrélation. Les propriétés structurales de CuO$_3$ et CuO$_3^-$ y sont rapportées et les deux fonctionnelles de corrélation sont comparées [151].

Nos investigations sur CuO$_3$ se sont basées sur la relaxation de 5 géométries initiales différentes, que nous avons choisies de manière à explorer au mieux l'espace des configurations (figure 7.1). Ces calculs nous ont permis d'identifier 4 isomères différents. Toutes les structures d'équilibre obtenues, à l'exception d'une seule, sont planes. Nous nous sommes ensuite intéressé à leurs propriétés structurales et électroniques de la même façon que pour l'agrégat CuO$_2$, et avons comparé nos résultats à ceux des autres études.

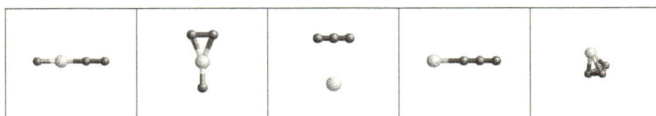

FIGURE 7.1: *Configurations initiales choisies pour* CuO_3.

7.2   Propriétés structurales

La figure 7.2 détaille la géométrie des structures d'équilibre de CuO_3 dans les cas neutre et chargé. On peut tout de suite noter que cet agrégat ne possède pas d'isomère du type II, pour lequel nous ne pouvons d'ailleurs pas imaginer de structure d'équilibre ; c'est le seul de la série à présenter cette particularité. Dans le premier groupe, le dimère d'oxygène porté par la molécule peut se trouver en configuration *bent* (3-Ia) ou *side-on* (3-Ib). Au sein de l'isomère 3-Ia, la présence d'un atome d'oxygène supplémentaire est associée à une plus grande ouverture de l'angle par rapport à ce qui était observé pour CuO_2. Elle semble cependant n'avoir aucun effet géométrique significatif en ce qui concerne le 3-Ib. Nous avons aussi remarqué que l'isomère 3-Ia neutre subit une distorsion similaire à la molécule OCuO pour S=3/2. Les isomères 3-IIIa et 3-IIIb présentent une nouvelle possibilité pour le cuivre de s'associer avec des atomes d'oxygène. Le 3-IIIa forme un cycle et nous avons décidé d'appeler « ozonide » une telle structure. Dans le 3-IIIb, le groupement O_3 n'est rattaché que par un côté au cuivre. Nous constatons que la structure de ce dernier est relativement sensible à la charge et au spin de l'agrégat, et il va même jusqu'à se dissocier en [Q=0 - S=3/2], ou adopte une géométrie tridimensionnelle pour [Q=-1 - S=0]. Dans ce dernier cas, la liaison Cu-O fait un angle de 85° avec le plan du groupement O_3, l'angle $\widehat{CuOO}$ est de 114° et l'angle $\widehat{OOO}$ mesure 115°.

Le tableau 7.1 présente les énergies de cohésion des différents isomères de CuO_3. En ce qui concerne la stabilité, l'isomère 3-Ib est toujours en tête, suivi d'assez près par le 3-Ia. Les isomères du troisième groupe sont la plupart du temps nettement moins stables. Dans trois cas sur quatre, leur énergie de cohésion est inférieure de plus de 300 meV/at à celle des autres. Le cas [Q=0 - S=1/2] fait cependant figure d'exception, car l'isomère 3-IIIa y est légèrement plus stable que le 3-Ia, et le 3-IIIb ne se trouve que 80 meV/at en-dessous. Dans ce cas particulier, tous les isomères se situent dans une gamme d'énergie qui s'étend sur 200 meV/at, au lieu des 500 meV/at des autres cas. En ce qui concerne les agrégats neutres, une augmentation du spin total a tendance à favoriser les isomères du premier groupe (+40 meV/at) et à défavoriser fortement ceux qui comportent un groupement O_3 : l'isomère 3-IIIa perd 400 meV/at et le 3-IIIb va même jusqu'à se dissocier. Cet effet est cependant beaucoup moins marqué pour les agrégats chargés.

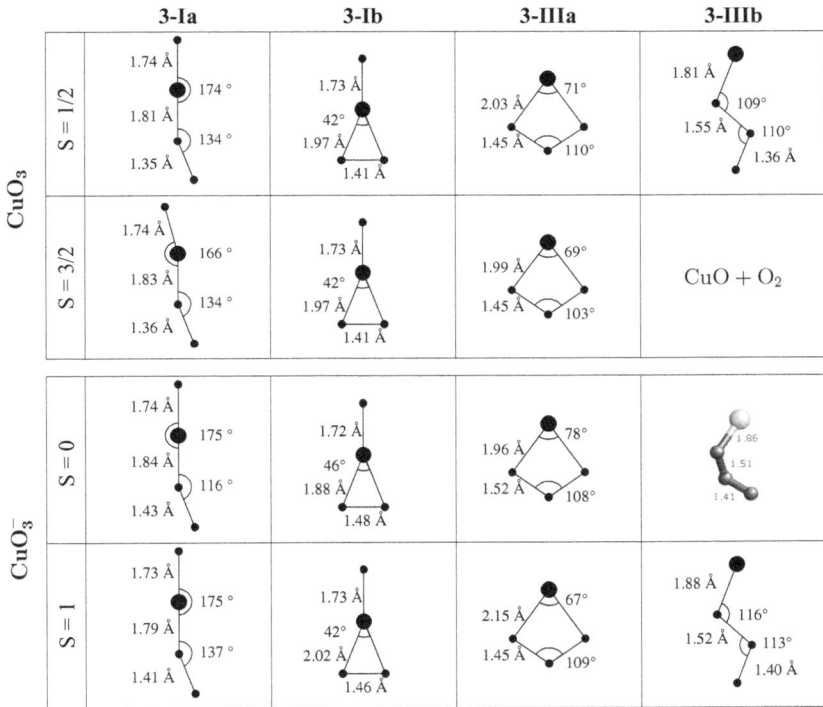

FIGURE 7.2: *Structures d'équilibre de l'agrégat* CuO_3, *neutre et chargé, pour deux états de spin différents dans chaque cas. La géométrie de l'isomère 3-IIIb pour [Q=-1 - S=0] est tridimensionnelle, avec* $\widehat{CuOO} = 114°$ *et* $\widehat{OOO} = 115°$, *l'atome de cuivre se trouvant dans un plan perpendiculaire à celui de l'ozone.*

Q (e⁻)	S	Isomère	E_b (eV/at)
0	1/2	3-Ib	2,55
		3-IIIa	2,50
		3-Ia	2,48
		3-IIIb	2,40
	3/2	3-Ib	2,60 ∗
		3-Ia	2,52
		3-IIIa	2,10
1	0	3-Ib	−0,01
		3-Ia	−0,06
		3-IIIa	−0,40
		3-IIIb	−0,41
	1	3-Ib	0,00 ∗
		3-Ia	−0,04
		3-IIIb	−0,46
		3-IIIa	−0,46

TABLEAU 7.1: *Énergies de cohésion (en eV/at) des isomères de CuO_3 et CuO_3^- (relatives pour CuO_3^-, cf. sec. 4.6). Pour chacun d'entre eux, l'état fondamental est signalé par une étoile.*

Les références [7], [147] et [151], auxquelles nous pouvons comparer nos résultats, ont fait toutes les trois appel à des bases localisées. Dans la première, les auteurs se sont essentiellement concentrés sur les fréquences de vibration afin d'interpréter les spectres infrarouge, et donnent très peu d'informations structurales sur les isomères de l'agrégat. Les isomères 3-Ia, 3-Ib et 3-IIIa y sont considérés pour une charge totale nulle et les données publiées sont comparables aux nôtres.

L'utilisation de l'approximation B88PW91 pour l'échange-corrélation dans la deuxième n'a conduit qu'à trois structures d'équilibre différentes ; l'isomère 3-IIIb n'a pas été obtenu. Cette constatation nous incite à souligner l'importance de choisir avec précaution les corrections de gradient. En effet, B88 et PW91 ne sont pas basées sur la même paramétrisation, ce qui signifie que leur utilisation conjointe peut être sujette à discussion. En ce qui concerne les structures d'équilibre, les distances de liaison Cu-O sont proches des nôtres, au contraire des distances O-O qui sont systématiquement plus petites. Cette différence peut s'expliquer par le fait que nous utilisons des pseudopotentiels de Vanderbilt, qui comportent un rayon de coupure plus grand pour l'oxygène, afin de diminuer les énergies de coupure correspondantes. Dans le cas de l'isomère 3-Ia, les angles affichés sont même nettement inférieurs aux nôtres.

La troisième étude met en évidence un cinquième isomère dans le cas chargé, où les quatre atomes occupent les sommets d'un tétraèdre irrégulier. Une optimisation effectuée à partir des données fournies ne nous a toutefois pas conduits à l'obtention d'un tel isomère, même si le 3-IIIb s'en approche un petit peu pour [Q=-1 - S=0]. Pour les mêmes raisons que précédemment, les distances et angles de liaison trouvés sont inférieurs aux nôtres. Pour l'isomère 3-Ia, nous observons également que les angles $\widehat{OCuO}$ sont opposés, sauf en [Q=0 - S=3/2] et [Q=-1 - S=0]. Une remarque similaire peut être faite au sujet de l'isomère 3-IIIb. En ce qui concerne la stabilité des différents isomères, nous nous retrouvons devant le même genre de désaccord qui avait été rencontré pour CuO_2 entre les calculs de type CI ou DFT-*all electrons*.

7.3   Propriétés électroniques

Nous avons regroupé les populations des orbitales des quatre isomères sur la figure 7.3. Nous les avons calculées en utilisant les structures d'équilibre obtenues pour [Q=0 - S=1/2]. Les valeurs qui ont servi à construire ces diagrammes peuvent être obtenues en interrogeant la base de données *clusters* (cf. annexe C). Les quatre agrégats présentent un paysage similaire pour les six premières orbitales, qui se divisent en deux bandes : les trois premières sont à caractère O^{2s} prédominant et situées 7 à 9 eV sous les autres, qui sont essentiellement O^{2p}. Ensuite, les isomères du premier groupe comportent cinq orbitales à dominante Cu^{3d}, dont les trois premières sont faiblement hybridées. Ces deux isomères se distinguent au niveau des quatre dernières orbitales. Au sein du 3-Ia, l'orbitale 12 présente une triple hybridation $Cu^{3d,4s} - O^{2p}$ et est suivie de trois orbitales essentiellement O^{2p}, alors que dans le 3-Ib cette orbitale particulière vient s'insérer en treizième position. Les isomères du troisième groupe présentent quant à eux un visage totalement différent, à la fois d'avec l'autre groupe et aussi entre eux. En septième position, le 3-IIIa montre une triple hybridation où les caractères Cu^{3d} et Cu^{4s} sont néanmoins très faibles, alors que le 3-IIIb présente une hybridation $Cu^{3d} - O^{2p}$ bien marquée. Et même si les orbitales 8, 10 et 11 sont très similaires, deux comportements très différents sont observés : dans le 3-IIIa, l'orbitale 9 ressemble à la 8 et est suivie par cinq orbitales principalement Cu^{3d}, dont les deux dernières sont faiblement hybridées ; au sein du 3-IIIb, par contre, les orbitales 9 à 11 sont à dominante Cu^{3d}, l'orbitale 12 est triplement hybridée et les deux suivantes sont du type $Cu^{3d} - O^{2p}$. Dans les deux cas, la dernière orbitale est cependant O^{2p} exclusivement. Pour finir, on pourra remarquer qu'aucun de ces diagrammes ne fait apparaître de caractère Cu^{4p} non négligeable.

Du côté de l'extension spatiale des orbitales, nous nous limitons ici à décrire celles des isomères du groupe III, qui sont les seules à apporter une réelle nouveauté par rapport à CuO et CuO_2 (figure 7.4) et présentent un caractère ionique prononcé. On y voit que les orbitales liantes sont toutes situées en profondeur et ne correspondent pas systématiquement aux hybridations les plus prononcées.

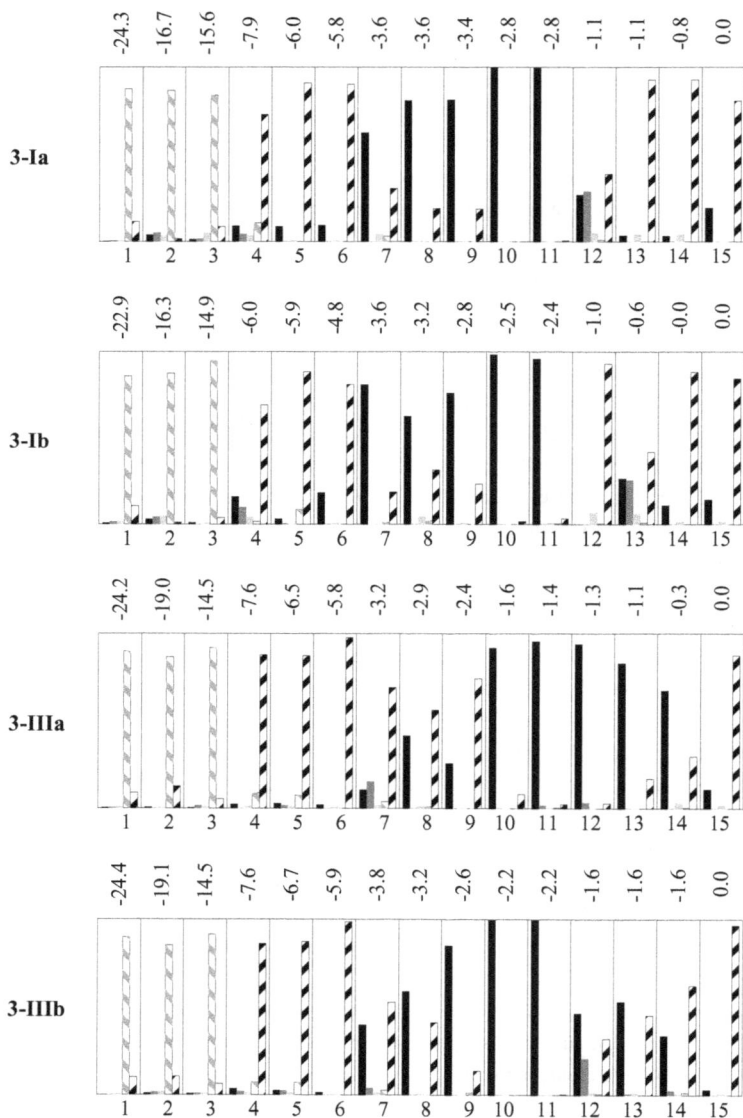

FIGURE 7.3: *Populations relatives (en %) des orbitales de* CuO₃. *En noir :* Cu^{3d} *- Gris moyen :* Cu^{4s} *- Gris clair :* Cu^{4p} *- Hachuré gris :* O^{2s} *- Hachuré noir :* O^{2p}. *Au-dessus : énergies propres en eV.*

3-IIIa

3-IIIb

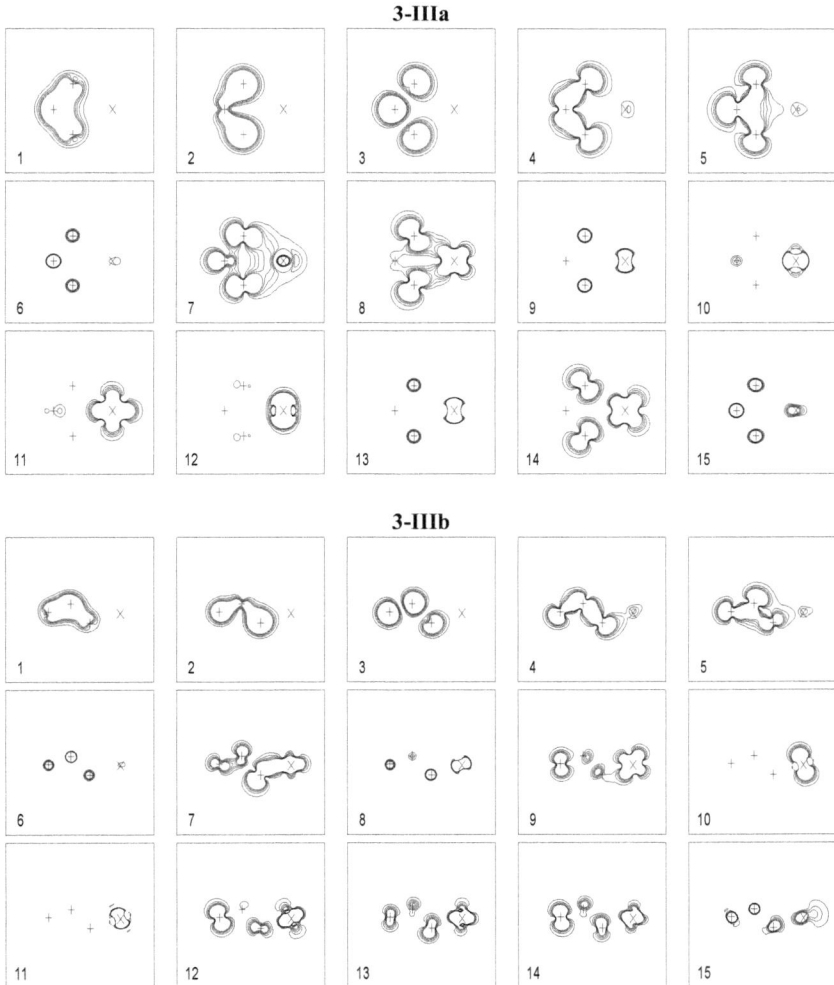

FIGURE 7.4: *Extension spatiale des orbitales des isomères du groupe III de* $\mathrm{Cu(O_3)^-}$. *Les contours correspondent à des valeurs de* $n \times 5 \times 10^{-3}$ $e/(\mathrm{a.u.})^3$, *pour n = 1–5 dans le plan de l'agrégat. Le signe* $\times$ *correspond à l'atome de cuivre, les* $+$ *aux atomes d'oxygène.*

Chapitre 8

CuO$_4$

8.1 Au commencement ...

Lorsque notre travail a débuté, l'agrégat CuO$_4$ n'avait fait l'objet d'aucune étude théorique détaillée, même si son observation avait été rapportée dès 1973 [152], et alors qu'un mécanisme pour sa formation à partir de CuO$_3$ avait été proposé [124]. WU *et al.*, en interprétant les spectres de photoélectrons, avaient supposé qu'il pouvait se présenter sous forme d'un atome de cuivre entouré de deux dimères d'oxygène en configuration *side-on*, ou bien d'une molécule OCuO complexée avec un dimère O$_2$. Les fréquences de vibration de deux de ses isomères avaient été calculées par CHERTIHIN *et al.* [7], qui avaient étudié CuO$_4$ en spectroscopie infrarouge, mais aucune mention n'avait été faite quant à ses structures d'équilibre. Et même si des blocs structuraux de type CuO$_4$ sont évoqués dans les solides [153], aucune étude théorique n'a été entreprise concernant la molécule isolée.

Pour identifier les différentes structures d'équilibre possibles, nous avons choisi 7 configurations initiales (figure 8.1) que nous avons relaxées dans deux états de charge et de spin différents, soit 28 systèmes au total. Les isomères instables se sont fragmentés en expulsant un dimère d'O$_2$. Après avoir évalué la stabilité de chaque isomère, nous avons calculé les populations des orbitales moléculaires, à des fins de comparaison entre isomères ainsi qu'avec CuO$_2$ et CuO$_3$. Il n'y a pas apparition ici de nouvelles « briques de base » à partir desquelles il serait possible de former, par assemblage, des agrégats plus gros. Cette constatation n'est pas surprenante dans la mesure où la présence d'un seul atome de cuivre a peu de chances de stabiliser des chaînes de plus de trois atomes d'oxygène.

8.2 Propriétés structurales

Nous avons identifié 8 structures d'équilibre différentes pour CuO$_4$, qu'il est possible de diviser en trois groupes. Les complexes $(O_2)Cu(O_2)$ peuvent prendre trois formes, dans

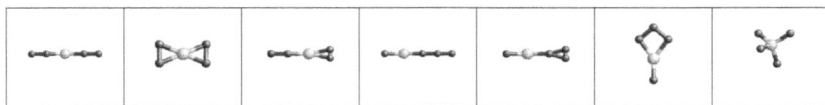

FIGURE 8.1: *Configurations initiales choisies pour* CuO_4.

lesquelles les dimères d'oxygène sont alternativement en configuration *bent* ou *side-on* (figure 8.2). L'isomère qui possède deux dimères conformés différemment présente une particularité : pour l'agrégat neutre, le dimère *bent* est situé dans le prolongement d'une des branches du *side-on* (4-Ic), alors que dans le cas chargé, il se trouve sur la médiatrice de ce dernier (4-Id). Dans le cas [Q=0 - S=3/2], seul l'isomère 4-Ia, qui constitue une destination privilégiée lors des relaxations, est observé.

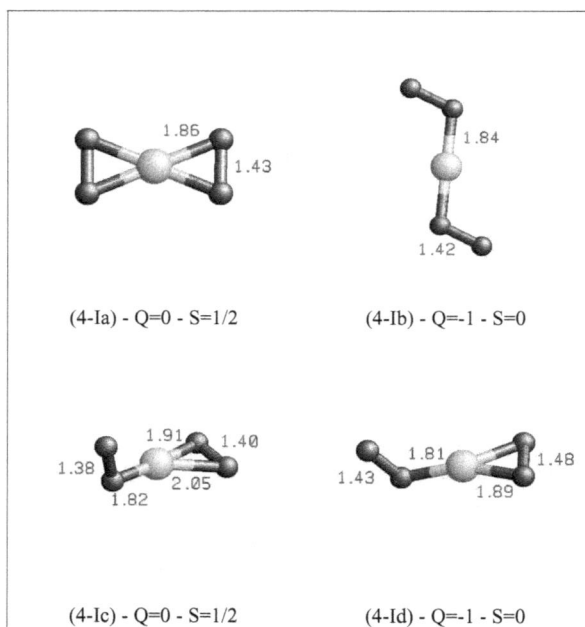

(4-Ia) - Q=0 - S=1/2   (4-Ib) - Q=-1 - S=0

(4-Ic) - Q=0 - S=1/2   (4-Id) - Q=-1 - S=0

FIGURE 8.2: *Isomères de* CuO_4 *du type* $(O_2)Cu(O_2)$ *(groupe I)*.

Nous avons regroupé deux molécules dans le deuxième groupe : un isomère de type $(OCuO)(O_2)$ (4-IIa) et un autre, qui présente la forme d'un tétraèdre régulier (4-IIb). Ce dernier n'apparaît que dans l'état [Q=1 - S=0] (figure 8.3), contrairement à l'autre, qui est vu dans tous les cas.

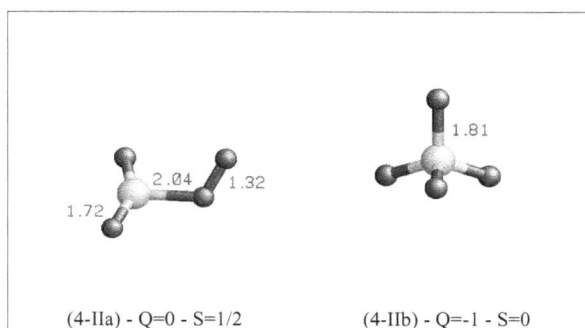

FIGURE 8.3: *Isomères de* CuO_4 *du type* $(OCuO)(O_2)$.

CuO_4 forme également deux molécules de type $OCu(O_3)$, dont l'une présente un cycle (ozonide, nommée 4-IIIa) et l'autre non (4-IIIb), montrées sur la figure 8.4. Si l'isomère 4-IIIa est obtenu dans tous les cas, le 4-IIIb n'est vu que lorsque la molécule est neutre.

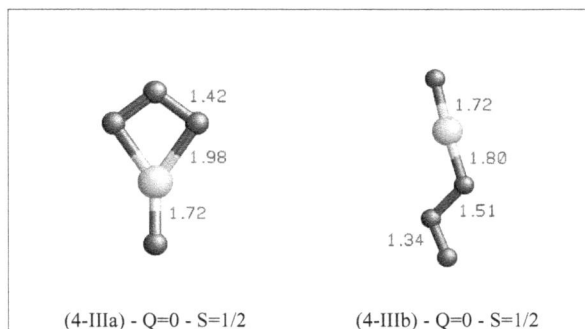

FIGURE 8.4: *Isomères de* CuO_4 *du type* $OCu(O_3)$.

Si l'on s'intéresse à la stabilité de ces molécules (cf. tableau 8.1), on constate que l'isomère 4-Ia se démarque nettement des autres dans trois cas sur quatre, puisqu'il possède une énergie de cohésion supérieure de 130 à 200 meV par rapport à l'isomère suivant. Dans le dernier cas ([Q = -1 - S = 1]), c'est l'ozonide qui vient rivaliser avec lui. Le reste du temps, les isomères du premier groupe sont les plus stables et restent très proches en énergie. Au sein

Q (e$^-$)	S	Isomère	E$_b$ (eV/at)
0	1/2	4-Ia	2,86 *
		4-Ic	2,73
		4-IIIa	2,66
		4-IIIb	2,58
		4-IIa	2,48
	3/2	4-Ia	2,83
		4-Ib	2,71
		4-Ic	2,70
		4-IIIa	2,63
		4-IIIb	2,55
		4-IIa	2,43
1	0	4-Ia	0,00 *
		4-Id	−0,16
		4-Ib	−0,16
		4-IIIa	−0,18
		4-IIb	−0,90
	1	4-IIIa	−0,13
		4-Ia	−0,13
		4-Ib	−0,17
		4-Id	−0,18
		4-IIa	−0,27

TABLEAU 8.1: *Énergies de cohésion (en eV/at) des isomères de* CuO$_4$ *et* CuO$_4^-$ *(relatives pour* CuO$_4^-$*, cf. sec. 4.6). Pour chacun d'eux, l'isomère le plus stable est indiqué par une étoile.*

du troisième groupe, l'ozonide 4-IIIa est toujours plus stable que l'isomère 4-IIIb. On peut également remarquer que les isomères du deuxième groupe sont toujours bons derniers.

8.3   Propriétés électroniques

Comme pour les autres agrégats, l'analyse des populations montre que les orbitales 2s de l'oxygène n'interviennent pas dans l'établissement des liaisons et qu'elles sont très nettement séparées en énergie des autres orbitales (environ 10 eV). Mis à part pour l'ozonide (4-IIIa), on peut voir que les orbitales 3d du cuivre et 2p de l'oxygène sont relativement peu hybridées dans la plupart des cas. L'isomère 4-Ia présente tout de même une hybridation non négligeable sur les orbitales 5, 8 et 15. Les isomères 4-IIa et 4-IIb se différencient principalement par le fait que dans l'un, des orbitales à dominante Cu^{3d} s'intercalent entre deux séries d'orbitales à dominante O^{2p}, tandis que dans l'autre, ces deux types d'orbitales occupent deux bandes d'énergie séparées par une hybride Cu^{4s}-O^{2p}. Les choses changent totalement lorsqu'on considère l'isomère 4-IIIa. Tous les orbitales succédant aux trois qui sont à dominante O^{2p} sont hybridées, à l'exception

de la 15 et de la 17. Cette structure pourrait être à l'origine de sa stabilité pour [Q=-1 - S=1].
Lorsqu'un caractère Cu^{4p} apparaît sur les orbitales (4-Ia :9, 4-IIa :14), il reste tout de même
d'une intensité très faible.

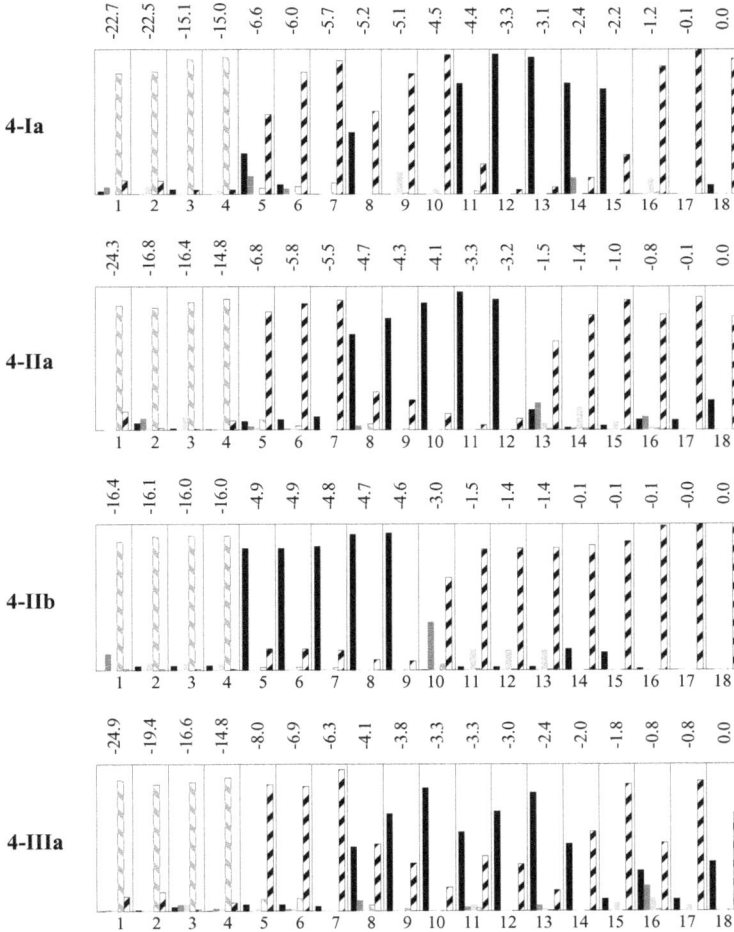

FIGURE 8.5: *Populations relatives (en %) des orbitales de* CuO_4. *En noir :* Cu^{3d} *- Gris moyen :* Cu^{4s} *- Gris clair :* Cu^{4p} *- Hachuré gris :* O^{2s} *- Hachuré noir :* O^{2p}. *Au-dessus : énergies propres en eV.*

Chapitre 9

CuO_5

9.1 Au commencement ...

Concernant CuO_5, nous n'avons disposé au début de notre travail que des spectres de photoélectrons et des suppositions des expérimentateurs [142]. En raison de la similitude des spectres avec ceux de CuO_3, ceux-ci en ont déduit que l'agrégat CuO_5 présente une structure similaire à l'isomère 3-Ib, « perturbée » par la présence d'un dimère d'oxygène supplémentaire.

Étant donné que nous pensions que les structures d'équilibre de CuO_5 présentaient tout de même une certaine variété, nous avons relaxé 12 configurations initiales pour les deux états de charge et de spin que nous avons choisi de considérer (figure 9.1). Parmi ces 48 systèmes, seuls 27 sont demeurés sous la forme d'un agrégat CuO_5 ; nous avons alors considéré leurs propriétés structurales et électroniques. Les autres se sont dissociés en CuO_3 et O_2.

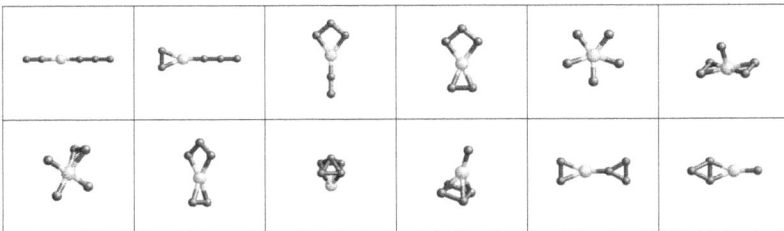

FIGURE 9.1: *Configurations initiales choisies pour* CuO_5.

9.2   Propriétés structurales

Nous avons divisé les 13 géométries d'équilibre obtenues en quatre groupes. Les cinq premières sont des complexes du type $OCu(O_2)_2$ (figure 9.2). Dans le cas où les deux dimères d'oxygène prennent respectivement les conformations *bent* et *side-on*, la molécule peut avoir une géométrie plane avec le dimère *bent* dirigé vers le *side-on* (5-Ia) ou présenter une structure dans laquelle le dimère *bent* est dans un plan perpendiculaire au reste des atomes (5-Ib). On observe toutefois un cas où ce dimère est dirigé vers l'oxygène solitaire et très légèrement hors-plan (5-Ic). Les deux dimères en question peuvent également être conformés identiquement, avec deux *side-on* parallèles (5-Id) ou deux *bent* presque parallèles mais tout de même légèrement convergents (5-Ie). L'isomère 5-Ia n'est observé ici que pour les faibles valeurs de spin, contrairement au 5-Id qui lui n'est obtenu que pour les spins élevés. Le 5-Ib est vu dans trois cas sur quatre, tandis que le 5-Ic et le 5-Ie n'apparaîssent que dans un seul cas, respectivement [Q=-1 - S=1] et [Q=-1 - S=0]. Nous notons que le cas [Q=0 - S=3/2] est particulièrement défavorable à ce groupe d'isomères.

Une autre géométrie possible pour CuO_5 consiste en un trimère OCuO linéaire partageant son atome de cuivre avec un atome d'oxygène d'un côté, et un dimère O_2 en conformation *bent* de l'autre (figure 9.3). Le dimère est situé dans un plan perpendiculaire à celui formé par les autres atomes. Cette configuration n'apparaît cependant que dans deux cas, [Q=0 - S=3/2] et [Q=-1 - S=0].

Six isomères différents sont observés lorsque le cuivre est relié à un trimère O_3 (figure 9.4). Quatre d'entre eux forment des ozonides, associés à un dimère d'oxygène ou à deux atomes isolés. Le dimère, lorsqu'il est en conformation *side-on*, peut être situé dans le même plan que l'ozonide (5-IIIa) ou perpendiculairement (5-IIIb). En conformation *bent*, il se trouve dans un plan perpendiculaire au reste des atomes, et se situe quasiment dans le prolongement d'une des branches de l'ozonide (5-IIIc). Quand les deux atomes d'oxygène sont isolés, ils sont dans le même plan que l'ozonide (5-IIId). Dans le cas où le trimère O_3 n'est relié que par un seul côté à l'atome de cuivre, les deux atomes restant forment un dimère qui se place en position *side-on* (5-IIIe) ou *bent* (5-IIIf), perpendiculairement au groupement CuO_3. Si l'isomère 5-IIIa est systématiquement obtenu, les isomères 5-IIIb, 5-IIIc et 5-IIIe ne sont observés que dans trois cas sur quatre, le 5-IIId apparaît seulement dans le cas chargé et le 5-IIIf est vu uniquement dans le cas [Q=-1 - S=0].

CuO_5 se distingue des autres agrégats de la série par l'existence d'un isomère que nous avons qualifié d'« étrange » (figure 9.5). En son sein se trouvent quatre atomes d'oxygène formant un tétraèdre et montrant un dimère comme « capturé » par l'agrégat. Ce dimère

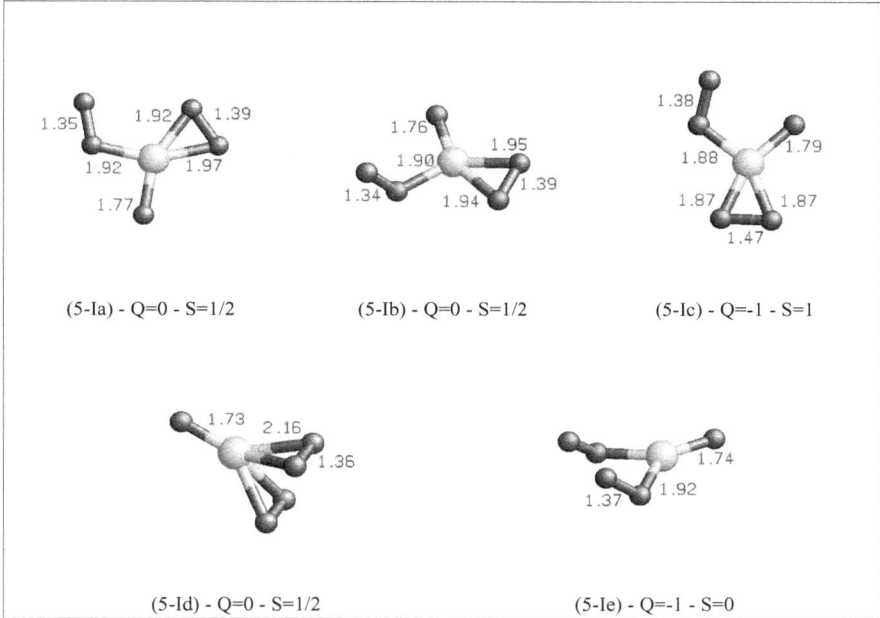

FIGURE 9.2: *Structures d'équilibre du premier groupe d'isomères de* CuO_5.

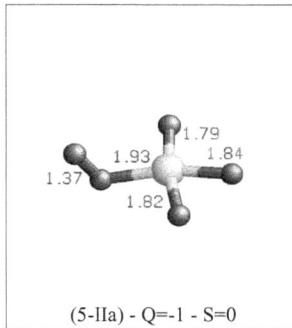

FIGURE 9.3: *Structure d'équilibre de l'isomère du deuxième groupe de* CuO_5.

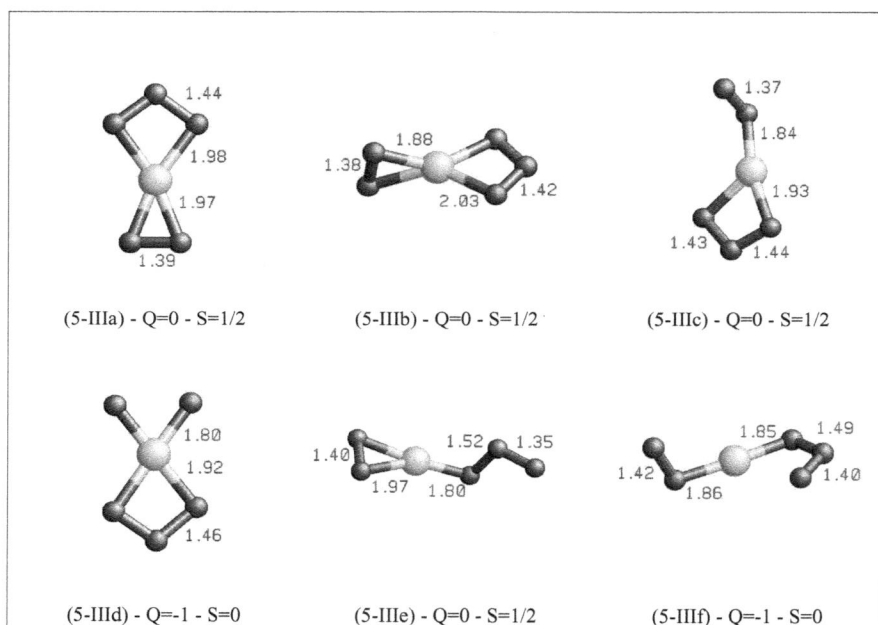

FIGURE 9.4: *Structures d'équilibre du troisième groupe d'isomères de* CuO_5.

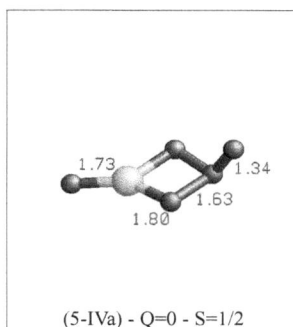

(5-IVa) - Q=0 - S=1/2

FIGURE 9.5: *Structure d'équilibre de l'isomère « étrange » de* CuO_5.

d'oxygène donne l'impression, par sa présence, de stabiliser une forme improbable de l'agrégat CuO_3. Cet isomère n'est observé que dans le cas des agrégats neutres et pour un spin total égal à 1/2. Nos calculs n'ont, pour l'instant, pas réussi à démontrer si cette géométrie correspond effectivement à une structure d'équilibre, ou s'il s'agit d'un point col.

Du point de vue de la stabilité, on constate qu'à la fois la charge et le spin ont une influence importante sur la variété et le type de géométrie obtenus (tableau 9.1) : selon les cas, on passe de 5 à 8 géométries. Ce sont toujours les ozonides qui sont les plus stables, avec en tête l'isomère 5-IIIa, sans toutefois se démarquer nettement des autres groupes d'isomères. En particulier, l'isomère 5-IIId est beaucoup moins stable que les autres. La présence simultanée des isomères 5-IIIb et 5-IIIe dans le cas [Q=-1 - S=1] nous permet d'évaluer à 240 meV l'énergie libérée par la molécule lors de la rupture de l'ozonide. Celle des isomères 5-IIIa et 5-IIId dans le cas chargé donne lieu à une différence d'énergie de 1,4 eV, ce qui est très proche de l'énergie de cohésion que nous avons calculée pour le dimère d'oxygène (1,33 eV). Les isomères 5-Ia et 5-Ib, lorsqu'ils sont obtenus conjointement, sont toujours extrêmement proches en énergie, ce qui signifie que le dimère d'oxygène de type *bent* peut tourner très librement autour de l'axe Cu-O qui le rattache à la molécule. Cette remarque s'applique également aux isomères 5-Ib et 5-Ic dans le cas [Q=-1 - S=1]. L'isomère 5-IIa, lorsqu'il est observé, reste toujours moins stable que les autres. Quant à l'isomère 5-IVa, si toutefois il s'agit bien d'une structure d'équilibre, il est nettement moins stable que les autres (280 meV/at), et il est peu probable qu'il puisse être observé dans un mélange d'agrégats produits à des températures pas trop élevées.

CuO_5			CuO_5^-		
S	Isomère	E_b (eV/at)	S	Isomère	E_b (eV/at)
1/2	5-IIIa	2,86	0	5-IIIa	0,00 *
	5-IIIb	2,81		5-IIIb	−0,05
	5-IIIc	2,77		5-IIIf	−0,08
	5-IIIe	2,74		5-Ib	−0,11
	5-Ia	2,68		5-Ia	−0,11
	5-Ib	2,67		5-Ie	−0,12
	5-IVa	2,39		5-IIId	−0,25
3/2	5-IIIa	2,87 *		5-IIa	−0,28
	5-IIIc	2,82	1	5-IIIa	−0,02
	5-IIIe	2,76		5-IIIb	−0,06
	5-Id	2,65		5-IIIc	−0,10
	5-IIa	2,32		5-Ib	−0,10
				5-IIIe	−0,10
				5-Ic	−0,11
				5-Id	−0,14
				5-IIId	−0,24

TABLEAU 9.1: *Énergies de cohésion (en eV/at) des isomères de CuO_5 et CuO_5^- (relatives pour CuO_5^-, cf. sec. 4.6). Le plus stable d'entre eux est indiqué par une étoile.*

9.3 Propriétés électroniques

Comme pour tous les autres agrégats, les orbitales de CuO_5 occupent deux bandes d'énergies distinctes. Ici, cinq orbitales à caractère O^{2s} très marqué sont séparées des autres d'environ 8 à 9 eV. Pour une question d'encombrement, nous les avons retirées des diagrammes de la figure 9.6, car elles n'apportent pas d'élément intéressant pour l'analyse des populations.

Pour CuO_5, les isomères du premier groupe présentent une dominance O^{2p} sur les six orbitales les plus profondes, une hybridation $Cu^{3d} - O^{2p}$ au niveau de l'orbitale 12, suivies par quatre orbitales à dominante Cu^{3d} puis cinq orbitales très nettement O^{2p} jusqu'au niveau de Fermi. Dans les autres groupes, ce sont les trois orbitales les plus profondes, ainsi que les six plus proches du niveau de Fermi qui sont à dominante O^{2p}. Entre les deux, on observe une hybridation $Cu^{3d} - O^{2p}$ plus ou moins marquée. Les deuxième et troisième groupes présentent des caractéristiques relativement similaires et, comme pour les agrégats précédents, la formation d'un ozonide est associé à une plus grande hybridation. L'isomère 5-IVa, quant à lui, ne montre une telle hybridation que sur les orbitales 9, 10 et 14. Dans tous les cas, les caractères Cu^{4s} et Cu^{4p} demeurent négligeables.

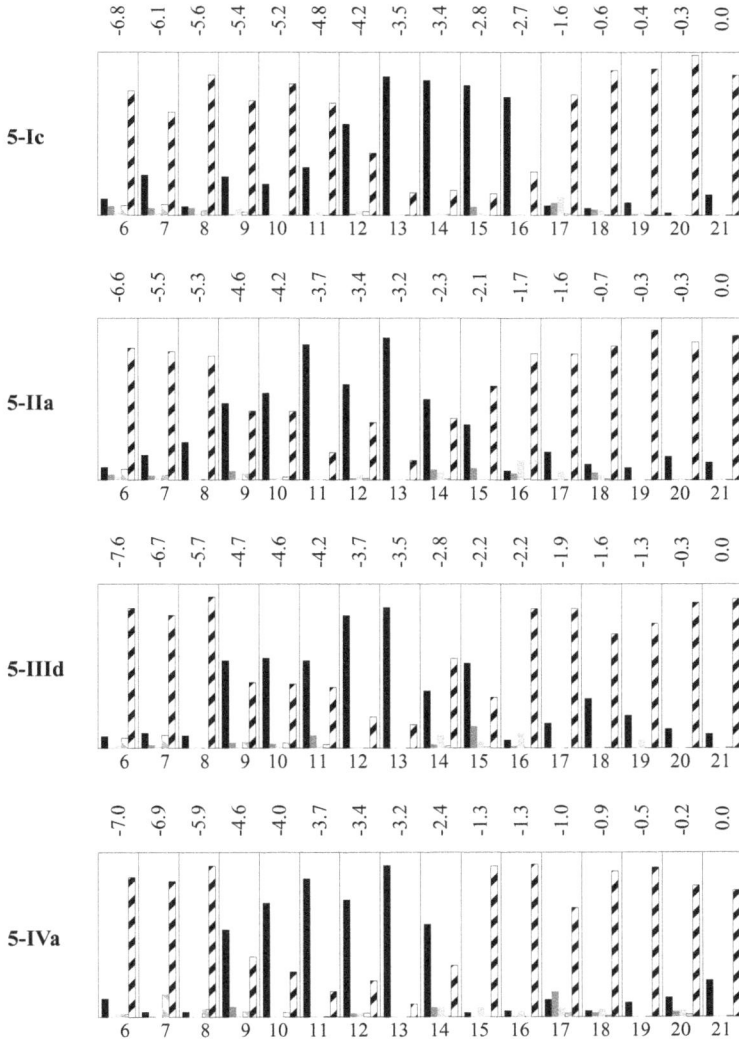

FIGURE 9.6: *Populations relatives (en %) des orbitales de* CuO_5. *Les cinq premières orbitales ont été retirées. En noir :* Cu^{3d} *- Gris moyen :* Cu^{4s} *- Gris clair :* Cu^{4p} *- Hachuré :* O^{2p}. *Au-dessus : énergies propres en eV.*

Chapitre 10

CuO_6

10.1 Au commencement ...

CuO_6 est le plus gros agrégat de la série pour lequel nous disposons de spectres de photoélectrons. Encore une fois, par l'étude de la largeur et de la répartition des pics de résonance, les expérimentateurs ont été en mesure de proposer des géométries d'équilibre pour cet agrégat. Selon eux, elles consisteraient, d'une part en un complexe constitué de trois $Cu(O_2)$ *side-on* partageant un même atome de cuivre, et d'autre part en une molécule de type OCuO « solvatée » par deux molécules d'O_2 [142].

Afin de vérifier ces assertions, et pour explorer correctement l'espace des configurations, nous avons sélectionné une série de 20 géométries initiales (figure 10.1), puis nous les avons relaxées pour un état de spin 1/2. Seules dix d'entre elles, dont deux identiques, ont abouti à une structure d'équilibre de type CuO_6. Les autres se sont fragmentées en expulsant une ou deux molécules d'O_2, sauf une qui a éjecté un atome d'oxygène isolé. N'ayant pas obtenu le « triple *side-on* » proposé par les expérimentateurs, nous l'avons ajouté systématiquement aux 9 optimisations que nous avons menées pour les autres états de spin. Nous avons ensuite déterminé les populations des orbitales moléculaires, pour comparer les propriétés électroniques des différents isomères [154]. À notre connaissance, ces calculs sont les premiers de ce type à être menés sur CuO_6.

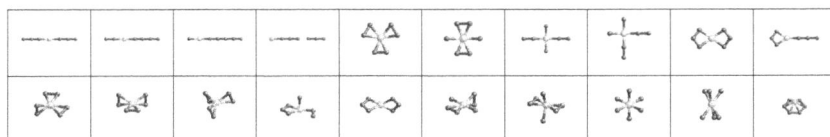

FIGURE 10.1: *Configurations initiales choisies pour* CuO_6.

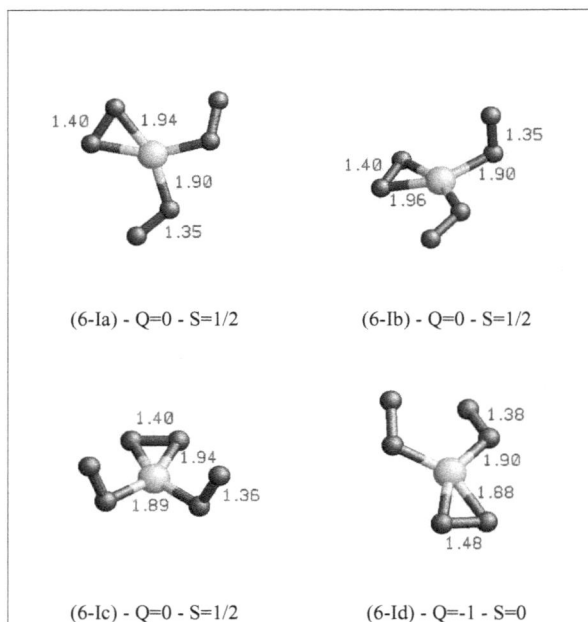

(6-Ia) - Q=0 - S=1/2   (6-Ib) - Q=0 - S=1/2

(6-Ic) - Q=0 - S=1/2   (6-Id) - Q=-1 - S=0

FIGURE 10.2: *Structures d'équilibre du premier groupe d'isomères de* CuO_6.

10.2 Propriétés structurales

Les isomères de CuO_6 peuvent prendre 13 structures d'équilibre différentes, déclinables en trois groupes. Dans le premier (figure 10.2), les isomères sont constitués d'un complexe *side-on* et de deux complexes *bent* partageant le même atome de cuivre. Les deux dimères d'oxygène de type *bent* sont dirigés à l'opposé l'un de l'autre dans un même plan (6-Ia), perpendiculaires lorsque l'un d'entre eux quitte le plan de la molécule (6-Ib) ou tous les deux hors plan et du même côté (6-Ic). Dans un cas, on les retrouve toutefois agencés de manière convergente et situés de part et d'autre du plan de la molécule (6-Id). De tous ces isomères, seul le 6-Id n'apparaît que dans un cas ([Q=-1 -S=0]). Les autres sont tout le temps présents.

Le deuxième groupe (figure 10.3 se caractérise par un seul isomère qui change fortement de conformation suivant la charge et le spin total de la molécule. Il peut comporter tour à tour un groupement OCuO, un groupement *side-on*, ainsi que deux groupements CuO étirés (6-IIa), ou bien un groupement OCuO et deux groupements *bent*, situés soit du même côté

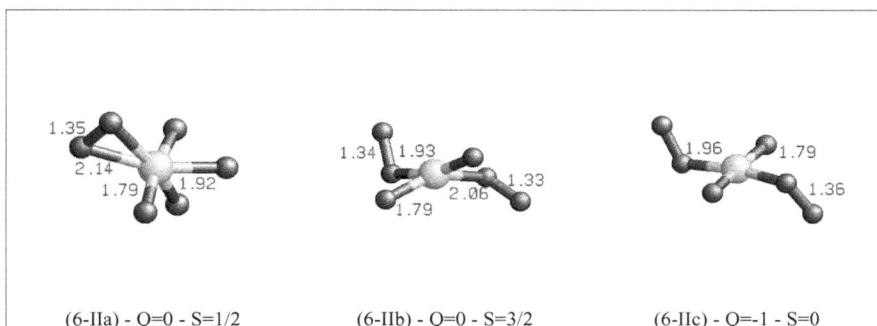

(6-IIa) - Q=0 - S=1/2   (6-IIb) - Q=0 - S=3/2   (6-IIc) - Q=-1 - S=0

FIGURE 10.3: *Structures d'équilibre du deuxième groupe d'isomères de* CuO_6.

(6-IIb), soit en opposition (6-IIc). Lors de l'optimisation des géométries pour [Q=-1 - S=1], cet agrégat expulse un atome d'oxygène puis relaxe vers un isomère de type 5-IIa. Il pourrait être intéressant de considérer cette dernière molécule plus en détail, car elle constitue le seul cas où, dans notre étude, un atome d'oxygène isolé a été éjecté.

Le troisième groupe (figure 10.4) est composé tout d'abord de deux doubles ozonides (6-IIIa et 6-IIIb) et d'un ozonide partageant son atome de cuivre avec un dimère CuO et un complexe *bent* (6-IIIc) . Le 6-IIIa est plan, tandis que dans le 6-IIIb, les ozonides sont perpendiculaires. Dans l'isomère 6-IIIc, le dimère d'oxygène est hors-plan de 44°. Pour les trois autres structures, dans lesquelles l'ozonide s'est rompu d'un côté, le groupement *bent* peut tourner autour de l'axe CuO, tandis qu'au sein du groupement O_3, c'est essentiellement l'extrémité qui tourne autour de la molécule. Dans le 6-IIId, le dimère d'O_2 est incliné de 25° par rapport au reste des atomes. Le 6-IIIe se caractérise par une inclinaison du dimère de 53° et un trimère O_3 dans un plan à 80° de celui de la molécule. Au sein du 6-IIIf, le dimère est à 30° et le trimère à 49°. Si les isomères 6-IIIa, 6-IIIb, 6-IIIc et 6-IIId sont systématiquement observés, l'isomère 6-IIIe est remplacé par sa variante 6-IIIf dans le cas [Q=-1 - S=0].

Du point de vue de la stabilité (tableau 10.1), on retrouve un classement identique, à un isomère près, dans trois cas sur quatre. L'isomère 6-IIIa est toujours le plus stable, talonné par les isomères du premier groupe, eux-mêmes suivis, mais sur une plage d'énergie plus large, par les autres isomères du troisième groupe. Dans le cas chargé, un spin nul a néanmoins un effet déstabilisant sur les ozonides, ce qui fait passer le premier groupe en tête. Dans les quatre cas envisagés, l'isomère du deuxième groupe fait systématiquement figure de lanterne rouge, avec une énergie de cohésion inférieure de 100 à 600 meV/at par rapport aux autres. Dans chaque

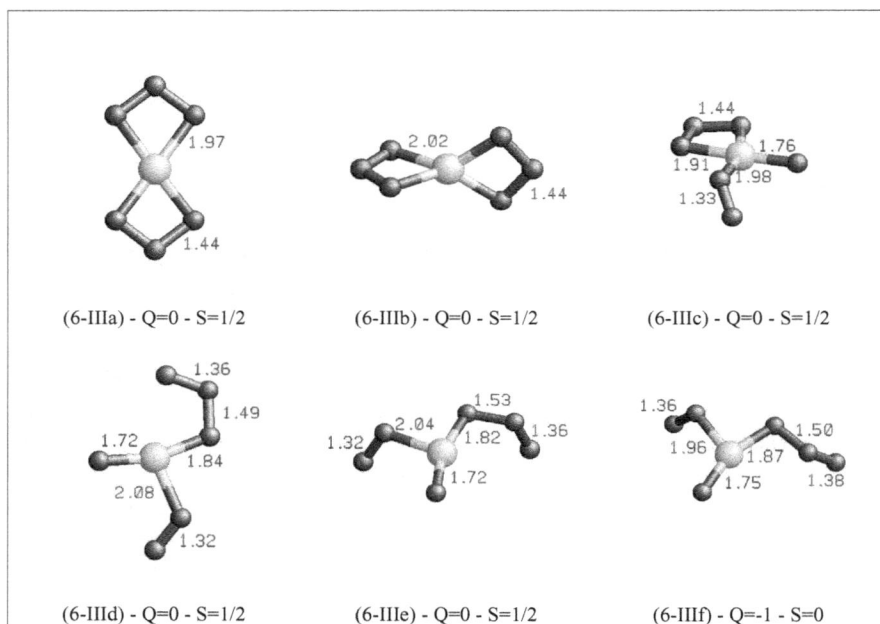

FIGURE 10.4: *Structures d'équilibre du troisième groupe d'isomères de* CuO_6.

CuO$_6$				CuO$_6^-$		
S	Isomère	E$_b$ (eV/at)		S	Isomère	E$_b$ (eV/at)
1/2	6-IIIa	2,87 *		0	6-Ia	−0,01
	6-IIIa	2,87			6-Ib	−0,01
	6-Ia	2,86			**6-Id**	−0,01
	6-Ib	2,85			6-Ic	−0,01
	6-Ic	2,85			6-IIIa	−0,02
	6-IIIb	2,82			6-IIIb	−0,04
	6-IIIc	2,70			6-IIId	−0,14
	6-IIId	2,67			6-IIIc	−0,14
	6-IIIe	2,63			6-IIIf	−0,17
	6-IIa	2,06			6-IIc	−0,17
3/2	6-IIIa	2,86		1	6-IIIa	0,00 *
	6-Ia	2,84			6-Ia	−0,01
	6-Ia	2,84			**6-Ia**	−0,01
	6-Ib	2,84			6-Ib	−0,01
	6-Ic	2,84			6-Ic	−0,01
	6-IIIb	2,77			6-IIIb	−0,02
	6-IIIc	2,68			6-IIIc	−0,14
	6-IIId	2,67			6-IIIe	−0,16
	6-IIIe	2,66			6-IIId	−0,16
	6-IIb	2,48				

TABLEAU 10.1: *Énergies de cohésion (en eV/at) des isomères de* CuO$_6$ *et* CuO$_6^-$ *(relatives pour* CuO$_6^-$, *cf. sec. 4.6). Dans les deux cas, l'isomère le plus stable est désigné par une étoile.*

quart du tableau, nous avons surligné en gras la géométrie d'équilibre obtenue en partant de la symétrie « triple *side-on* » suggérée par les expérimentateurs. La présence simultanée des isomères 6-IIIa et 6-IIIc nous autorise à évaluer l'énergie libérée lors de la rupture du premier ozonide, qui s'élève à environ 1 eV, et celle de 6-IIId à 6-IIIf nous permet de dire que la rupture du deuxième ozonide dégage aux alentours de 1 à 1,2 eV. Le fait que ces trois derniers isomères possède des énergies de cohésion très voisines nous incite à penser que les mouvements du dimère et du trimère d'oxygène en leur sein sont relativement aisés. La même remarque est valable en ce qui concerne le premier groupe.

10.3   Propriétés électroniques

La figure 10.5 présente les populations des orbitales moléculaires de quatre des isomères obtenus. Les autres isomères possèdent des caractéristiques similaires, en fonction du groupe auquel ils appartiennent. Les six orbitales de type O^{2s} de CuO$_6$ sont séparées de 6 à 10 eV des autres orbitales et n'ont pas été considérées ici. Au sein du premier groupe d'isomères, les orbitales présentent en grande majorité un caractère presqu'exclusivement O^{2p} (orbitales 17 à 20) ou Cu^{3d}. Une hybridation $Cu^{3d} - O^{2p}$ plus ou moins marquée apparaît toutefois au niveau de l'orbitale 16. Dans le deuxième groupe, les orbitales à prédominance Cu^{3d} sont regroupées à des niveaux plus profonds (orbitales 13 à 17). Parmi elles, les orbitales 13 à 15 présentent une faible hybridation. Un caractère Cu^{4s} très léger peut être noté pour l'orbitale 21, ainsi qu'un caractère Cu^{4p}, très léger lui-aussi, dans l'orbitale 18. Les caractéristiques des isomères du troisième groupe se démarquent des autres groupes à partir de l'orbitale 13 jusqu'au niveau de Fermi. Les hybridations y sont d'autant plus marquées qu'il y a d'ozonides dans les molécules. On voit même que, pour l'isomère 6-IIIa, de telles hybridations interviennent au niveau de Fermi et deux orbitales avant. Cette particularité est très probablement à l'origine de la stabilité de cet isomère. Un caractère Cu^{4s}, à peine visible, apparaît sur l'orbitale 13 de ce double ozonide.

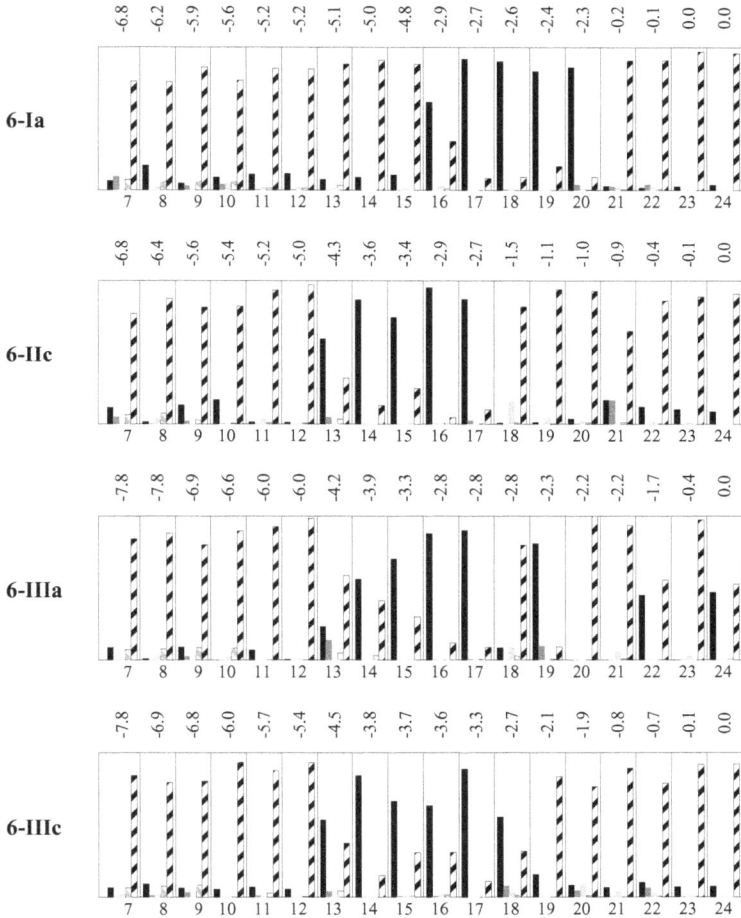

FIGURE 10.5: *Populations relatives (exprimées en %) des orbitales de* CuO_6. *Les six premières orbitales, à dominante* O^{2s}, *ont été retirées. En noir :* Cu^{3d} *- Gris moyen :* Cu^{4s} *- Gris clair :* Cu^{4p} *- Hachuré noir :* O^{2p}. *Au-dessus : énergies propres en eV.*

Troisième partie

L'hydroxynitrate de cuivre
$Cu_2(OH)_3(NO_3)$

Chapitre 11

$Cu_2(OH)_3(NO_3)$: un matériau prometteur

11.1 Motivations

Des efforts conséquents sont actuellement consacrés à l'obtention de nouveaux matériaux présentant un ordre ferromagnétique tridimensionnel, à la fois en physique, en chimie moléculaire ou en chimie du solide [155–157]. Pour y parvenir, il est nécessaire de connaître, au niveau fondamental, les corrélations entre les propriétés structurales et magnétiques de ces matériaux. Nous faisons référence ici tout particulièrement aux systèmes solides constitués de molécules magnétiques présentant une faible interaction mutuelle, encore appelés matériaux magnétiques moléculaires. Ces composés ont l'avantage de pouvoir être convenablement représentés, dans la plupart des cas, par des entités moléculaires isolées. En effet, leurs propriétés magnétiques peuvent être souvent reproduites, ou tout au moins bien approchées, par les propriétés magnétiques locales des unités moléculaires qui les constituent. C'est pourquoi l'étude des matériaux magnétiques moléculaires, qui devrait être plutôt du ressort de la physique et de la chimie du solide, s'appuie aujourd'hui encore largement sur l'étude des molécules magnétiques par les approches de la chimie moléculaire. Cependant, au cours des dernières années, la complexité des corrélations structure-magnétisme a rendu nécessaire l'utilisation de méthodes expérimentales et théoriques capables de s'attaquer à ces composés en tant que véritables « matériaux ». Ceci est d'autant plus indispensable, car de nouvelles propriétés peuvent être obtenues par remplacement ou insertion d'unités moléculaires bien spécifiques [10].

Dans cette thèse, nous portons une attention particulière aux hydroxydes de métaux de transition de formule générale $M_2(OH)_3X$, où M est un métal de transition divalent et X un anion échangeable. Ce sont des composés modèles d'un point de vue structural. Différentes géométries peuvent en effet être obtenues en faisant varier les proportions des différents constituants, et les oxydes qui résultent de leur décomposition thermique font de très bons catalyseurs. Il a été montré que ces composés constituent également de bons prototypes pour l'étude du magnétisme de basse dimensionnalité [12]. Leurs précurseurs sont les hydroxynitrates de métaux de transition, de formule $M_2(OH)_3(NO_3)$, qui présentent la particularité de permettre l'élaboration de matériaux hybrides organiques-inorganiques de type $M_2(OH)_3Y$, par le remplacement des groupements nitrate par une chaîne carbonée Y. Ces derniers, de par les liens existant entre leurs propriétés structurales, électroniques et magnétiques, présentent un intérêt pour le stockage et le transfert d'informations. Ils peuvent également servir de base à l'élaboration de systèmes multifonctions présentant une synergie entre leur différentes propriétés, comme par exemple des capteurs magnéto-optiques [10].

À la fois les hydroxynitrates et les matériaux hybrides possèdent une structure lamellaire. Les atomes métalliques forment un réseau triangulaire au sein de feuillets reliés entre eux par des groupements NO_3^- ou des espaceurs organiques. Il est donc possible de faire varier la distance entre les feuillets en changeant la nature de l'espaceur. Du point de vue des propriétés magnétiques, ces composés présentent un caractère bidimensionnel marqué, car la distance entre les feuillets est la plupart du temps relativement importante. On peut considérer la partie inorganique comme porteuse des moments magnétiques et la partie organique comme une « manette de contrôle » de la première [10]. Les composés hybrides dérivés de l'hydroxynitrate de cobalt, par exemple, sont sujets à un couplage ferromagnétique au sein des feuillets, mais peuvent présenter un ordre tridimensionnel ferro- ou antiferromagnétique selon la distance séparant les feuillets, c'est-à-dire selon la nature de l'espaceur organique utilisé [13]. *A contrario*, l'hydroxynitrate de cuivre présente un couplage antiferromagnétique au sein des feuillets, ce qui en fait un bon prototype de système bidimensionnel frustré. Un couplage ferromagnétique entre les plans peut y être favorisé par l'intercalation d'espaceurs appropriés [158].

11.2   Données expérimentales

L'hydroxynitrate de cuivre $Cu_2(OH)_3(NO_3)$ existe sous deux formes. Il se présente à l'état naturel dans une géométrie orthorhombique [159] et sous forme synthétique dans une géométrie monoclinique [160]. C'est sur cette dernière, dont les paramètres de maille et les positions atomiques ont été établis avec précision au début des années 80 [161], que nous avons porté notre attention. Il s'agit d'une structure de type brucite $Cu_2(OH)_4$ dans laquelle un quart des ions OH^- ont été remplacés par un ion NO_3^- (figure 11.1). Les atomes de cuivre y forment un réseau triangulaire sur chaque plan. Ils présentent une coordination octaédrique avec les groupes OH^- et NO_3^- qui les entourent et occupent deux sites inéquivalents. Les atomes étiquetés

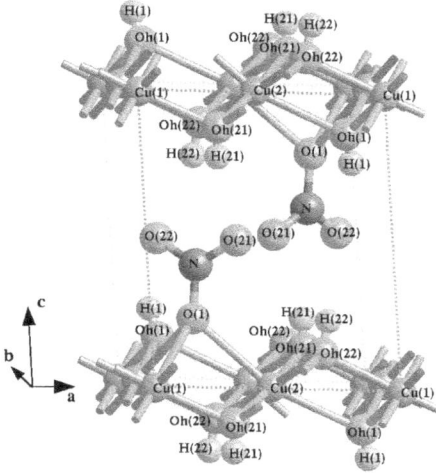

FIGURE 11.1: *Géométrie de l'hydroxynitrate de cuivre. La maille élémentaire, appartenant au groupe de symétrie* P2$_1$, *contient quatre atomes de cuivre. Les paramètres de maille sont a = 5,605 Å, b = 6,087 Å, c = 6,929 Å et* $(\widehat{\mathbf{a}, \mathbf{c}})$ = 94°29'. *La nomenclature utilisée ici suit la référence [161].*

« Cu(1) » ont quatre OH$^-$ et deux NO$_3^-$ comme premiers voisins, tandis que les atomes marqués « Cu(2) » sont entourés par cinq OH$^-$, dont un à une distance plus grande que les autres, et un NO$_3^-$. Dans la maille élémentaire, les atomes sont conjugués deux à deux, à travers la relation :

$$\left\{ \begin{array}{rcl} x' & = & -x \\ y' & = & y + \dfrac{1}{2} \\ z' & = & -z \end{array} \right. \tag{11.1}$$

où (x, y, z) et (x', y', z') représentent respectivement les coordonnées d'un atome et de son conjugué dans le repère (non orthonormé) constitué par les vecteurs de base **a**, **b** et **c** du réseau cristallin (cf. figure 11.1).

Les propriétés magnétiques de l'hydroxynitrate de cuivre ont été caractérisées par magnétométrie SQUID. La susceptibilité est tout d'abord croissante, jusqu'à une température de 7 K, puis décroissante au-delà, ce qui correspond à deux comportements magnétiques différents. À très basse température, il semble y avoir un ordre antiferromagnétique tridimensionnel, mais les mesures ne sont pas concluantes. Pour les températures plus élevées, Cu$_2$(OH)$_3$(NO$_3$) peut être considéré comme constitué de plans quasi-isolés [12]. Le couplage des moments magnétiques au sein des feuillets fait appel à un mécanisme de super-échange : où qu'ils soient situés, deux atomes de cuivre voisins sont liés entre eux par l'intermédiaire de deux atomes d'oxygène. La première chose à faire pour comprendre ces interactions est d'identifier les chemins empruntés par les interactions magnétiques.

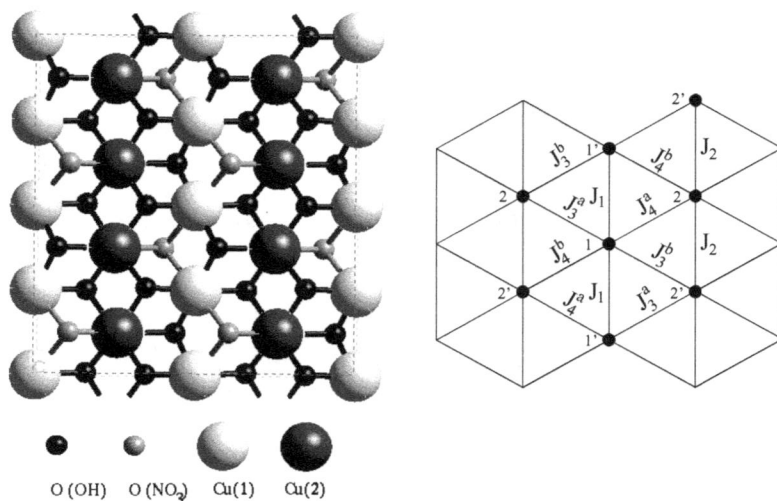

FIGURE 11.2: *À gauche : vue de dessus d'un plan de cuivre dans $Cu_2(OH)_3(NO_3)$; les atomes d'oxygène premiers voisins, qui se trouvent hors plan, ont également été représentés. À droite : schéma des interactions dans l'hydroxynitrate ; Les six constantes de couplage correspondent aux six chemins d'échange identifiés.*

11.3 Identification des chemins d'échange

Au sein des feuillets, l'interaction entre deux atomes de cuivre de type Cu(1) a lieu par l'intermédiaire d'un atome d'oxygène appartenant à un groupement OH^- et d'un autre issu d'un groupement NO_3^-. Les atomes de type Cu(2) sont couplés quant à eux par le biais de deux atomes d'oxygène appartenant à des groupements OH^-. Les deux situations sont observées en ce qui concerne les interactions Cu(1)-Cu(2). Il existe en tout six chemins permettant de passer d'un atome de cuivre à un autre, auxquels nous avons associé six constantes de couplage distinctes. Ils sont illustrés dans la figure 11.2.

Rentrons maintenant un peu plus dans le détail et considérons chaque chemin séparément. La figure 11.3 en présente une vue schématique aplatie (souvenons-nous que les atomes d'oxygène ne sont pas dans le même plan que les atomes de cuivre). Les chemins $(3a)$ à $(4b)$ y sont classés par ordre croissant de distance moyenne entre les atomes. On peut déjà remarquer que le chemin (2) est plus homogène que le chemin (1). Les caractéristiques géométriques respectives des chemins $(3a)$ et $(3b)$, de même que celles des chemins $(4a)$ et $(4b)$, sont très proches l'une de l'autre. Tout ceci facilitera l'élaboration de modèles présentant des degrés de finesse différents.

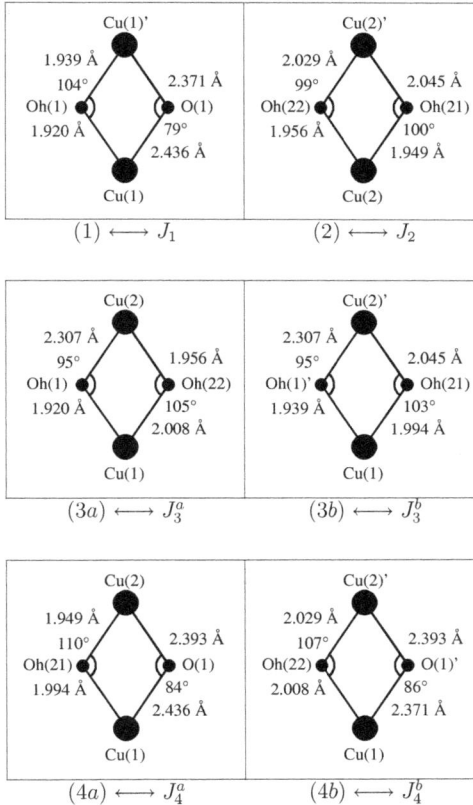

FIGURE 11.3: *Représentation schématique des six chemins d'échange possibles dans l'hydroxynitrate. Les chemins* (1) *et* (2) *correspondent respectivement aux interactions au sein des colonnes de cuivre Cu(1) et Cu(2). Les autres sont en relation avec les interactions entre ces colonnes.*

L'identification des chemins d'échange constitue une étape fondamentale de la description des propriétés magnétiques de $Cu_2(OH)_3(NO_3)$. Nous nous attendons à ce que les constantes de couplage soient du même ordre de grandeur, car c'est le cas des distances en jeu dans tous les chemins. En outre, il est toujours possible de passer d'un atome de cuivre à un autre par l'intermédiaire de distances Cu-O proches de 2 Å. Encore faut-il maintenant disposer d'un modèle adéquat pour évaluer leur intensité.

11.4   Détermination des constantes de couplage

La présence de six chemins d'échange différents et partageant des atomes rend la modélisation des propriétés magnétiques de $Cu_2(OH)_3(NO_3)$ plutôt délicate. L'approche à retenir en définitive sera fonction de l'indépendance ou non des chemins et de l'éventuelle possibilité de mettre en évidence la présence de chemins dominants. Les considérations qui suivent ont donc pour but de fixer le cadre théorique minimal nécessaire à l'étude des propriétés magnétiques de l'hydroxynitrate.

D'un point de vue magnétochimique, il a été démontré que, dans les molécules contenant deux atomes de cuivre reliés entre eux par deux groupes hydroxyles, la constante de couplage de l'interaction est directement corrélée à l'angle de liaison. Il se produit une transition ferromagnétique-antiferromagnétique pour des angles dépassant 98° [162]. Cette règle ne peut pas être transposée de manière directe au cas d'un solide où plusieurs chemins d'échange coexistent. S'il reste vrai que les propriétés magnétiques du système demeurent très sensibles à la géométrie, le choix qui consiste à traiter les chemins d'échange d'une manière indépendante apparaît comme peu rigoureux. Nous remarquons que le système en question n'est pas du tout équivalent à un ensemble de dimères de cuivre en interaction seulement avec des ligands. Notre démarche consiste à rendre compte de l'énergie magnétique de $Cu_2(OH)_3(NO_3)$ comme résultante de la présence de six chemins d'échange, les interactions spin-spin à décrire étant associées aux six constantes de couplage correspondantes.

Suivant cette optique, il pourrait être intéressant, dans un premier temps, de considérer que les chemins $(3a)$ et $(3b)$, ainsi que les chemins $(4a)$ et $(4b)$, sont identiques deux à deux, en raison de leurs similitudes respectives. Les propriétés magnétiques de l'hydroxynitrate pourraient alors être étudiées à l'aide d'un modèle simplifié à quatre constantes de couplage [13]. Dans cette approche, les constantes qui gouvernent les interactions entre les colonnes de cuivre sont donc regroupées deux à deux :

$$\left\{ \begin{array}{ccccc} J_3^a & = & J_3^b & = & J_3 \\ J_4^a & = & J_4^b & = & J_4 \end{array} \right. \tag{11.2}$$

puisque les chemins $(3a)$ et $(3b)$ font intervenir uniquement des atomes d'oxygène de type Oh, tandis que les chemins $(4a)$ et $(4b)$ passent par des oxygène appartenant aux deux types de groupements. Les contributions des chemins $(3b)$ et $(4b)$ sont alors ajoutées respectivement à celles des chemins $(3a)$ et $(4a)$. *Dans la suite, lorsque nous ferons usage de cette approche à quatre constantes, les chemins et les interactions impliquées seront renommés* (3) *et* (4).

L'étude des propriétés magnétiques de $Cu_2(OH)_3(NO_3)$ à l'aide d'un modèle de Hückel étendu [163] a déjà été réalisée [11]. La dépendance en température de la susceptibilité y a été déterminée dans le cadre d'une approximation de type chaîne de spins, en faisant l'hypothèse que le chemin (2) est dominant. Les constantes de couplage ont été considérées comme des paramètres ajustables et leurs intensités respectives ont été fixées de manière à reproduire la dépendance en température de χ. Les résultats ne sont pas concluants d'un point de vue quantitatif. Nous allons donc nous appuyer sur une approche largement répandue en chimie moléculaire et qui consiste à se baser sur une description phénoménologique des propriétés magnétiques, ici à l'aide d'un hamiltonien de spin de type Ising [164].

Dans les matériaux moléculaires possédant deux centres magnétiques (donc un seul chemin d'échange), la constante de couplage J n'est pas mesurée expérimentalement, mais déterminée à partir d'un hamiltonien modèle qui permet de reproduire la dépendance en température de la susceptibilité magnétique χ. Dans le cas où plusieurs chemins sont possibles, on fait appel à un hamiltonien généralisé pour une évaluation quantitative des constantes de couplage :

$$\hat{H} = -\sum_{i \neq j} J_{ij}\, \hat{S}_i \cdot \hat{S}_j \tag{11.3}$$

où i et j représentent deux centres magnétiques voisins, et où S_i et S_j sont des variables scalaires qui prennent les valeurs $\frac{1}{2}$ et $-\frac{1}{2}$ dans le cas des atomes possédant un électron célibataire. Dans $Cu_2(OH)_3(NO_3)$, le cuivre se trouve exactement dans cette situation. Deux systèmes α et β possédant la même multiplicité peuvent alors servir à la détermination de ces constantes :

$$\langle H_\alpha \rangle - \langle H_\beta \rangle = E_\alpha - E_\beta \tag{11.4}$$

où E_α et E_β sont les énergies totales relatives de α et β. Ainsi N systèmes différents donneront-ils accès à $(N-1)$ équations. Lorsqu'autant d'équations linéairement indépendantes que de constantes auront été obtenues, il sera possible de calculer ces dernières en résolvant le système d'équations ainsi construit. La production des données indispensables à cette démarche nécessite de faire appel à une méthode *ab initio* [165].

11.5 Modélisation *ab initio* de l'hydroxynitrate

Le calcul des constantes de couplage fait appel à la connaissance précise de la structure électronique du système et des effets de corrélation. Il s'agit de pouvoir estimer d'une manière quantitative des grandeurs souvent inférieures à 10 meV, ce qui est à la limite de précision des méthodes de type DFT mises en œuvre avec des pseudopotentiels. Cependant, il a été montré que les constantes de couplage calculées par la DFT sur des systèmes moléculaires sont très sensibles à la fonctionnelle d'échange-corrélation utilisée [17]. En particulier, il apparaît que l'approximation de BECKE et PERDEW (B88P86) conduit à une surestimation systématique de l'intensité de ces constantes. Étant donné que nous avons utilisé cette fonctionnelle dans nos calculs concernant l'hydroxynitrate, nous pouvons nous attendre à ce que nos valeurs soient :

  – bien différentes des valeurs expérimentales exactes ;
  – bien supérieures à la limite de précision intrinsèque de la méthode utilisée.

Pour ces raisons, tout en sachant que nous ne pourrons pas être prédictifs vis-à-vis des valeurs de ces constantes, nous nous sommes fixés pour objectif de déterminer des valeurs pour les constantes de couplage qui soient susceptibles d'apporter de nouveaux éléments dans la description du système. **Il est entendu que cette démarche possède un caractère préliminaire, car notre objectif ultime est un calcul à la fois quantitativement fiable et insensible à la précision limitée de la méthode. Par conséquent, les résultats obtenus dans le cadre de cette thèse doivent être considérés comme un test nécessaire avant de viser une évaluation plus précise des constantes de couplage.**

  Notre travail se situe dans la lignée d'une étude *ab initio* de l'hydroxynitrate par la DFT [14]. La structure d'équilibre de l'hydroxynitrate y avait été déterminée par une simulation de dynamique moléculaire et était en excellent accord avec les mesures expérimentales. Les distances interatomiques et les angles entre les atomes de cuivre et d'oxygène ne différaient, dans la très grande majorité des cas, que de deux à trois pourcents par rapport aux données de la réf. [161]. Ce résultat nous a conduit à utiliser la géométrie expérimentale pour tous nos calculs.

  Du point de vue des propriétés magnétiques, cette étude avait confirmé le fait que l'hydroxynitrate présente un caractère antiferromagnétique sur chaque plan et montré que la répartition des spins varie d'un plan à l'autre, suggérant l'existence d'un ordre antiferromagnétique tridimensionnel à très basse température. Cette variation de la répartition des spins remet également en question les interprétations basées sur des modèles bidimensionnels négligeant l'interaction entre les couches. D'autre part, les calculs montrent qu'il peut y avoir des alignements de spins parallèles aussi bien qu'antiparallèles pour une seule interaction considérée, ce qui signifie qu'il n'y a pas de lien entre la nature des ligands et le signe des interactions. Puisque les atomes de cuivre sont situés sur un réseau triangulaire, les effets de frustration pourraient être à l'origine de ces observations.

Chapitre 12

Propriétés magnétiques de $Cu_2(OH)_3(NO_3)$

12.1   Obtention de l'état fondamental électronique

L'hydroxynitrate de cuivre a été simulé à l'aide du programme CPMD, qui est un code parallèle de dynamique moléculaire *ab initio* développé au sein du groupe de Michele PARRINELLO [166]. Les calculs ont été effectués en grande partie sur le CRAY-T3E de l'IDRIS, mais aussi sur l'IBM-SP2 du CINES. Tout comme le code vectoriel CPV, ce programme est basé sur les concepts exposés dans la première partie. Son utilisation est donc très similaire à celle de CPV.

Nous avons utilisé ici des pseudopotentiels à norme conservée plutôt que des pseudopotentiels de Vanderbilt, car la mise en œuvre de ces derniers n'est pas optimale dans le cas d'un code parallèle. Nous avons choisi des pseudopotentiels de Troullier-Martins, avec une correction de cœur non-linéaire pour le cuivre, paramétrés dans le cadre de l'approximation B88P86 pour les interactions d'échange-corrélation. Ainsi que nous l'avons mentionné dans le chapitre précédent, nous nous sommes donc attendu dès le début à des différences considérables entre les valeurs expérimentales et théoriques des constantes de couplage.

Les paramètres de simulation optimaux avaient été déterminés lors de l'étude qui a précédé notre travail [14]. Des calculs sur les dimères Cu_2 et CuO ont montré qu'un *cutoff* de 90 Ry permet de retrouver les mêmes énergies de cohésion et les mêmes distances de liaison qu'avec CPV. Cette valeur a été utilisée pour les calculs impliquant 144 atomes. Par la suite, le fait qu'une réduction du *cutoff* à une valeur de 70 Ry ne change pas de manière perceptible ces énergies et distances de liaison, nous a incité à mener tous nos calculs sur les systèmes composés de 48 et 96 atomes avec cette dernière valeur.

Aucun effet dynamique n'a été considéré ici. Nous nous sommes concentrés uniquement sur la structure électronique et les propriétés magnétiques de l'hydroxynitrate. Nous avons tout

d'abord déterminé l'état fondamental électronique de chaque système que nous avons considéré, en tirant au sort les coefficients des fonctions d'onde initiales. Cette procédure donne lieu, à convergence, à une série de distributions de spin différentes les unes des autres. Nous avons stoppé les calculs lorsque le gradient sur l'énergie totale était inférieur à 10^{-6} u.a., pour nous assurer que la structure électronique était convenablement relaxée. Nous avons ensuite construit et analysé la densité de spin au niveau de chaque atome de cuivre et d'oxygène, après projection des fonctions d'onde sur une base d'orbitales atomiques. Nos simulations ont porté au total sur :
- 12 systèmes composés de 2 mailles élémentaires (48 atomes) ;
- 6 systèmes composés de 4 mailles élémentaires (96 atomes) ;
- 8 systèmes composés de 6 mailles élémentaires (144 atomes) ;

d'une part pour mettre en évidence les lois générales qui gouvernent la corrélation entre la structure et les propriétés magnétiques de $Cu_2(OH)_3(NO_3)$, et d'autre part pour disposer d'un nombre suffisant de systèmes différents afin d'évaluer les constantes de couplage magnétique. L'ensemble des résultats obtenus a été regroupé dans une base de données, dont la structure est décrite dans l'annexe D. Les codes, développés par nos soins, ayant servi à la construction des systèmes et à l'analyse de leurs propriétés magnétiques sont également présentés dans cette annexe.

N.B. : Dans toute la suite, les systèmes étudiés sont nommés selon le nombre de mailles élémentaires considérées. La dénomination « $n_1 X n_2 Y n_3 Z$ » signifie que le calcul correspondant a porté sur un système constitué de n_1 mailles élémentaires suivant l'axe (a), n_2 mailles suivant (b) et n_3 suivant (c).

12.2 Construction et analyse de la densité de spin

Avant de tenter d'évaluer les constantes de couplage, il est important de s'assurer que les systèmes considérés sont comparables entre eux. C'est pourquoi, pour chacun d'entre eux, nous nous sommes intéressés en premier lieu à la topologie de la densité de spin autour des atomes de cuivre et d'oxygène, qui constitue la pierre d'angle sur laquelle repose l'étude du magnétisme au sein des feuillets de l'hydroxynitrate. L'essentiel réside ici dans le fait de trouver un bon compromis entre l'élimination des effets de bord dus à l'utilisation d'une cellule de simulation périodique et l'occupation des ressources de calcul. Le fait de considérer un plus grand nombre de mailles élémentaires suivant l'axe (a) correspond à augmenter le nombre de rangées de type Cu(1) et Cu(2), tandis qu'une extension suivant l'axe (b) permet d'augmenter la taille de ces rangées. Ainsi une augmentation de taille suivant l'axe (a) va-t-elle réduire les effets de bord sur les interactions entre colonnes, gouvernées par les constantes J_3 et J_4, tandis qu'une augmentation suivant l'axe (b) va agir sur les effets de bord au sein de chaque colonne, régies quant à elles par J_1 et J_2. La question qui s'est d'abord posée est : « Quelle taille minimale un système doit-il avoir pour qu'il soit possible d'en retirer des informations pertinentes pour l'analyse des propriétés magnétiques ? »

12.3   Magnétisation de l'oxygène par le cuivre

Afin de déterminer cette taille minimale, et pour compléter l'analyse présentée dans la référence [14], nous avons tout d'abord effectué trois séries de calculs sur des systèmes composés de 48 atomes, soit deux mailles élémentaires. Chaque série, de type 2X1Y1Z, 1X2Y1Z ou 1X1Y2Z, était constituée de quatre systèmes, et nous avons porté notre attention sur la distribution des moments magnétiques locaux. Contrairement à ce que nous avions supposé au départ, nous avons constaté que les atomes d'oxygène peuvent présenter un moment de spin non négligeable dans certaines situations, parfois jusqu'à un tiers de celui des atomes de cuivre voisins. Nous avons également observé que la topologie de la densité de spin variait fortement d'un système à l'autre. Pour ces systèmes, il nous a néanmoins été impossible de dégager un lien quelconque entre les moments magnétiques au niveau cuivre et de l'oxygène.

La même étude sur des systèmes plus importants a cependant porté ses fruits. Nous avons pu y démontrer que l'apparition d'un moment magnétique non négligeable sur un atome d'oxygène dépendait de la polarisation respective des atomes de cuivre premiers voisins. Les règles que nous allons expliciter maintenant sont valables pour tous les systèmes de plus de 48 atomes que nous avons étudiés et ayant un spin total nul sur chaque plan. Nous les avons mises en évidence grâce à une étude systématique menée sur 14 systèmes monocouches et bicouches, composés indifféremment de 96 et 144 atomes. Malgré la variété des systèmes étudiés, nous n'avons pas pu mettre en évidence d'influence de la part du nombre d'atomes ou de couches considéré.

Nous présentons ici tout d'abord un exemple pour 144 atomes (2X3Y1Z). Le tableau 12.1 met en relation, pour le système en question, la densité de spin observée sur chaque type d'atome d'oxygène et celle des atomes de cuivre premiers voisins. Nous en avons exclu les atomes de type O(21) et O(22), qui n'interviennent pas dans les chemins d'échange et révèlent le même comportement que les O(1) décrits ci-après.

Sur l'ensemble du tableau, nous pouvons constater que l'apparition d'un moment magnétique important sur les atomes d'oxygène (lignes grisées) coïncide avec un alignement parallèle des deux ou des trois atomes de cuivre premiers voisins. Le signe d'un tel moment est à chaque fois identique à celui des cuivre alignés. Intéressons nous tout d'abord aux atomes d'oxygène appartenant aux groupements OH^-. Les atomes Oh(1) (en haut, à gauche) sont plus proches des atomes Cu(1) que des atomes Cu(2) d'environ 16%. C'est pourquoi l'observation d'une densité de spin élevée sur ce type d'atomes n'est liée qu'à l'alignement parallèle des

	Oh(1)	Cu(1)	Cu(1)	Cu(2)
1	-0.207	-0.557	-0.559	0.576
2	-0.203	-0.570	-0.574	0.556
3	0.192	0.582	0.553	0.561
4	0.191	0.564	0.582	-0.571
5	-0.186	-0.566	-0.557	-0.581
6	0.186	0.602	0.567	0.551
7	-0.179	-0.574	-0.566	-0.568
8	0.179	0.553	0.602	0.543
9	-0.175	-0.559	-0.538	0.563
10	-0.150	-0.538	-0.570	-0.537
11	-0.016	0.567	-0.545	-0.560
12	0.012	-0.545	0.564	0.553

	Oh(21)	Cu(2)	Cu(1)	Cu(2)
1	0.230	0.556	0.602	0.543
2	-0.225	-0.571	-0.557	-0.581
3	-0.218	-0.581	-0.545	-0.560
4	0.196	0.576	0.564	0.553
5	0.099	0.563	0.582	-0.571
6	0.074	0.543	-0.538	0.563
7	-0.069	-0.560	-0.574	0.556
8	0.066	0.561	-0.559	0.576
9	0.060	-0.537	0.553	0.561
10	-0.048	0.553	-0.566	-0.568
11	-0.046	0.551	-0.570	-0.537
12	0.036	-0.568	0.567	0.551

	O(1)	Cu(1)	Cu(2)	Cu(1)
1	-0.019	-0.566	-0.560	-0.574
2	0.017	0.602	-0.537	0.553
3	-0.016	0.582	0.576	0.564
4	0.016	-0.545	-0.568	0.567
5	0.014	-0.559	-0.571	-0.557
6	-0.013	-0.574	0.551	-0.570
7	-0.012	0.564	-0.581	-0.545
8	-0.009	0.567	0.556	0.602
9	0.008	-0.538	0.561	-0.559
10	0.004	-0.557	0.553	-0.566
11	0.002	-0.570	0.543	-0.538
12	0.002	0.553	0.563	0.582

	Oh(22)	Cu(2)	Cu(1)	Cu(2)
1	0.248	0.561	0.582	0.576
2	0.245	0.543	0.553	0.563
3	-0.243	-0.581	-0.566	-0.560
4	-0.110	-0.537	-0.538	0.561
5	0.096	0.551	0.602	-0.537
6	-0.091	-0.568	-0.574	0.551
7	-0.090	-0.571	0.564	-0.581
8	0.084	0.576	-0.557	0.553
9	0.073	0.556	-0.570	0.543
10	0.066	-0.560	0.567	0.556
11	-0.060	0.553	-0.545	-0.568
12	-0.054	0.563	-0.559	-0.571

TABLEAU 12.1: *Corrélation entre les moments magnétiques de l'oxygène et du cuivre pour un système monocouche de 144 atomes (2X3Y1Z). Les atomes de cuivre premiers voisins sont classés suivant leur éloignement, dans l'ordre croissant, par rapport à l'atome d'oxygène considéré. Les densités de spin sur l'oxygène sont classées par ordre décroissant d'intensité.*

deux spins au niveau des Cu(1). L'atome Cu(2) semble n'avoir pratiquement aucune influence, puisque les moments sur l'oxygène restent élevés quel que soit l'intensité ou le signe du sien. Dès l'instant que l'alignement des deux Cu(1) est antiparallèle, la densité sur Oh(1) subit une baisse très brutale (elle est ici instantanément divisée par 10).

Les atomes Oh(21) et Oh(22) se comportent de manière très similaire l'un par rapport à l'autre. Il n'y a cependant apparition d'un moment réellement élevé que si les trois premiers voisins présentent un alignement parallèle. Cette différence est probablement à mettre en relation avec le fait que les trois distances sont relativement proches les unes des autres, contrairement au cas des Oh(1). Lorsqu'un des atomes est antiparallèle aux autres, l'intensité du moment magnétique sur l'oxygène chute d'un facteur 2 à 5, mais son signe reste identique à celui des deux moments du cuivre qui sont parallèles. Contrairement au cas des Oh(1), les trois premiers voisins jouent donc ici un rôle important, et cette constatation est renforcée par le fait que la différence entre les deux régimes n'est pas aussi drastique que pour les Oh(1). Un tel comportement montre que les chemins d'échange (2), $(3a)$ et $(3b)$ ne sont pas indépendants, ce qui pourrait poser des limitations à leur description par les seules constantes J_2, J_3^a et J_3^b.

S'il arrive que les moments magnétiques sur les atomes d'oxygène des groupements OH^- soient élevés, ce n'est pas du tout le cas de ceux appartenant aux groupements NO_3^- (en bas, à gauche). Nous n'observons en effet aucune corrélation pour les atomes de type O(1) : quel que soit le système considéré, le moment magnétique reste négligeable et son signe n'est pas lié à ceux des moments du cuivre. On peut le voir ici à la fois sur les alignements triplement parallèles des lignes 3 et 5, où les signes sur l'oxygène et le cuivre sont opposés, et sur les lignes 8 et 12, où le signe sur l'oxygène change alors qu'il reste identique pour le cuivre. Une telle observation, qui était attendue pour les atomes de type O(21) et O(22), puisque ceux-ci ne sont liés à aucun atome de cuivre, montre également que la distance joue déjà un rôle discriminant pour les atomes de type O(1).

Ces observations corroborent les résultats que nous avons publiés pour un système de 96 atomes, de type 2X1Y2Z [167]. Dans ce système, par contre, nous avions mis en évidence une influence plus marquée de l'intensité des moments magnétiques sur les cuivre par rapport aux oxygène (cf. tableau 12.2). Il fallait en effet que le moment magnétique sur les deux ou trois plus proches voisins soit significativement plus élevé que la moyenne pour voir apparaître un moment important sur l'oxygène. De plus, l'absence de triple alignement dans le voisinage des Oh(21) y était associé au fait qu'aucune densité de spin véritablement importante n'avait été observée pour ces atomes.

	Oh(1)	Cu(1)	Cu(1)	Cu(2)
1	0.153	0.623	0.622	0.563
2	0.150	0.623	0.622	-0.609
3	-0.006	0.557	-0.563	0.557
4	0.005	0.557	-0.557	-0.560
5	0.004	0.557	-0.563	-0.559
6	-0.002	0.581	-0.543	-0.541
7	0.002	0.581	-0.543	-0.626
8	0.000	0.557	-0.557	0.561

	Oh(21)	Cu(2)	Cu(1)	Cu(2)
1	-0.091	-0.609	0.622	-0.626
2	-0.084	-0.609	0.581	-0.543
3	0.071	0.557	0.557	-0.560
4	-0.071	0.557	-0.563	-0.560
5	0.070	0.561	0.557	-0.559
6	-0.069	0.561	-0.557	-0.559
7	0.051	0.623	0.623	0.563
8	-0.046	0.623	-0.626	0.563

	O(1)	Cu(1)	Cu(2)	Cu(1)
1	0.006	0.557	0.557	-0.563
2	-0.004	0.557	-0.559	-0.557
3	-0.004	0.557	-0.563	-0.553
4	0.003	0.623	0.623	0.622
5	0.002	0.581	-0.609	-0.626
6	-0.002	0.557	0.557	-0.557
7	-0.001	0.623	-0.626	0.622
8	0.000	0.581	0.563	-0.626

	Oh(22)	Cu(2)	Cu(1)	Cu(2)
1	-0.194	-0.609	-0.626	-0.626
2	-0.074	-0.609	0.623	-0.626
3	0.072	0.623	0.581	0.563
4	0.061	0.557	0.557	-0.560
5	0.059	0.623	0.622	0.563
6	0.058	0.561	0.557	-0.559
7	-0.058	0.561	-0.563	-0.559
8	-0.057	0.557	-0.557	-0.560

TABLEAU 12.2: *Corrélation entre les moments magnétiques de l'oxygène et du cuivre pour le système bicouche de 96 atomes (2X1Y2Z) de la référence [167]. Les atomes de cuivre premiers voisins sont classés suivant leur éloignement, dans l'ordre croissant, par rapport à l'atome d'oxygène considéré. Les densités de spin sur l'oxygène sont classées par ordre décroissant d'intensité.*

12.4   Estimation des constantes de couplage

12.4.1   Méthodologie

La première étape de l'obtention des constantes de couplage consiste à répertorier les interactions entre les atomes de cuivre d'un même plan. À cette fin, nous utilisons le tracé des moments magnétiques du cuivre généré automatiquement par le script *sketcher* (cf. annexe D). Celui-ci rassemble à la fois leur position, leur signe et leur intensité. La figure 12.1 illustre le cas du système n°1. L'interaction est comptée positivement lorsque les spins sont parallèles, et négativement lorsqu'ils sont antiparallèles. Prenons l'exemple des atomes de type Cu(2), dont l'interaction correspond à la constante J_2 : dans la première colonne, constituée des atomes 009, 013, 011 et 015, on observe deux alignements parallèles et deux antiparallèles, tandis que dans la deuxième colonne, composée des atomes 010, 014, 012 et 016, les quatres alignements sont parallèles ; on inscrira donc $2 - 2 + 4 = +4$ dans la colonne « J_2 » du tableau 12.3 pour le système n°1.

Les valeurs obtenues pour les six chemins d'échange envisagés permettent de construire les

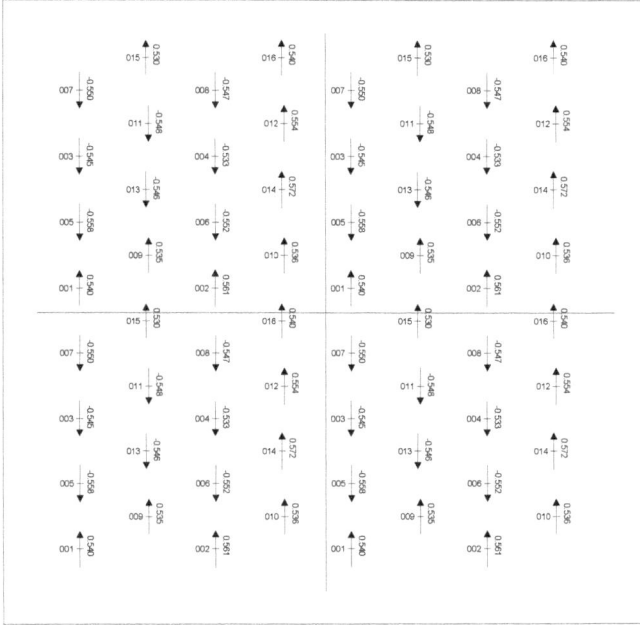

FIGURE 12.1: *Exemple du tracé des moments magnétiques locaux sur les atomes de cuivre pour un système monocouche de 96 atomes. Deux super-cellules ont été représentées dans les directions (a) et (b) afin de faciliter l'interprétation. L'atome numéroté 001 est de type Cu(1).*

hamiltoniens correspondants. Lorsqu'un nombre suffisant de systèmes différents est disponible, un système d'équations linéaire peut être construit puis résolu. Nous avons utilisé le logiciel MAPLE pour cette résolution. Compte-tenu de la limite inférieure de précision que nous attribuons à notre démarche basée sur la DFT (10 meV), les intensités des constantes qui résultent de ces calculs sont arrondies aux 100 K les plus proches. Notons bien qu'en toute rigueur, seule une approche à six chemins d'échange devrait permettre d'estimer convenablement les constantes de couplage. Néanmoins, nous avons examiné dans un premier temps le modèle à quatre chemins d'échange exposé plus tôt (cf. chapitre 11). À cause du manque d'universalité observé à propos des systèmes composés de 48 atomes, nous avons estimé les constantes de couplage uniquement pour 96 et 144 atomes.

12.4.2   Dans le modèle à quatre constantes

Six systèmes de 96 atomes, constitués d'un seul feuillet de quatre mailles élémentaires (2X2Y1Z), ont tout d'abord été simulés. Les quatre premiers ont été obtenus sur le CRAY-T3E de l'IDRIS et ont fourni trois équations. Les deux autres proviennent de l'IBM-SP2 du CINES et ont servi à obtenir la quatrième. À cause de la différence d'architecture entre les deux machines, nous avons considéré ces deux groupes de systèmes séparément.

Les interactions sont regroupées dans le tableau 12.3, avec les énergies relatives des systèmes correspondants. Le décompte est effectué pour le modèle à six chemins d'échange.

Système	J_1	J_2	J_3^a	J_3^b	J_4^a	J_4^b	E_{tot}^I (K)
1	0	+4	0	0	0	0	0
2	-4	-4	0	-4	+4	-4	0
3	0	-4	0	-4	+4	-4	0
4	-8	0	0	0	0	0	439
5	0	0	0	-4	-4	0	151
6	+4	+4	-4	0	0	0	0

TABLEAU 12.3: *Décompte des interactions magnétiques pour 96 atomes dans le modèle à six chemins d'échange. L'énergie totale la plus basse a été choisie comme origine. Les calculs effectués à l'IDRIS apparaissent sur fond blanc, ceux au CINES sur fond gris.*

L'étape suivante correspond à la construction de l'hamiltonien associé à chaque système simulé, après passage au modèle à quatre chemins d'échange (cf. équation 11.2). Elle nécessite la connaissance de la densité de spin moyenne sur les atomes de cuivre, qui vaut ici : $\sigma = 0,3056$ $u.a.$ À cause de la projection effectuée sur une base localisée, celle-ci n'est pas récupérée dans son intégralité, ce qui nous oblige à renormaliser les coefficients présents devant les constantes à déterminer. Chaque hamiltonien est ensuite obtenu grâce à la relation 11.3 :

$$
\begin{aligned}
(1)\ H_1 &= & & & -\ \sigma J_2 & & & \\
(2)\ H_2 &= & \sigma J_1 &+\ \sigma J_2 &+\ \sigma J_3 & & \\
(3)\ H_3 &= & & \sigma J_2 &+\ \sigma J_3 & & \\
(4)\ H_4 &= & 2\sigma J_1 & & & \\
(5)\ H_5^* &= & & & \sigma J_3 &+\ \sigma J_4 \\
(6)\ H_6^* &= & -\ \sigma J_1 &-\ \sigma J_2 &+\ \sigma J_3 &
\end{aligned}
\tag{12.1}
$$

Les étoiles en exposant (*) désignent les systèmes simulés au CINES.

Avant de construire le système d'équations correspondant à ces hamiltoniens, nous posons :

$$
\varepsilon_{ij} = \frac{E_{tot}^i - E_{tot}^j}{\sigma},\ i,j = 1,...,6
\tag{12.2}
$$

Les différences sont exprimées en fonction de ces variables, ce qui donne lieu au système suivant :

$$
\begin{array}{lrrrrrrrrl}
(1)-(2) & - & J_1 & - & 2J_2 & - & J_3 & & & = & \varepsilon_{12} \\
(2)-(3) & & J_1 & & & & & & & = & \varepsilon_{23} \\
(3)-(4) & - & 2J_1 & + & J_2 & + & J_3 & & & = & \varepsilon_{34} \\
(5)-(6) & & J_1 & + & J_2 & & & + & J_4 & = & \varepsilon_{56}
\end{array}
\tag{12.3}
$$

dans lequel les trois premières équations proviennent des calculs effectués à l'IDRIS et la quatrième de ceux du CINES. Il ne reste plus ensuite qu'à le résoudre :

$$
\left\{
\begin{array}{lclrrrrrrr}
J_1 & = & & & & & \varepsilon_{23} & & & \\
J_2 & = & - & \varepsilon_{12} & - & 3\varepsilon_{23} & - & \varepsilon_{34} & & \\
J_3 & = & & \varepsilon_{12} & + & 5\varepsilon_{23} & + & 2\varepsilon_{34} & & \\
J_4 & = & & \varepsilon_{12} & + & 2\varepsilon_{23} & + & \varepsilon_{34} & + & \varepsilon_{56}
\end{array}
\right.
\tag{12.4}
$$

Il est à noter que les termes ε_{12} et ε_{23} sont ici nuls, ce qui simplifie l'expression des constantes dans le système 12.4. On aboutit alors aux valeurs suivantes :

$$
\left\{
\begin{array}{lcr}
J_1 & \approx & 0 \, K \\
J_2 & \approx & 1400 \, K \\
J_3 & \approx & -2900 \, K \\
J_4 & \approx & -900 \, K
\end{array}
\right.
\tag{12.5}
$$

Sachant que l'approximation que nous utilisons pour l'échange et la corrélation a tendance à surestimer les constantes de couplage, il n'est pas surprenant de voir apparaître des valeurs élevées, même s'il semble évident que les constantes J_2 et J_3 possèdent une intensité bien moindre en réalité. D'autre part, la différence ε_{23} qui définit ici J_1 est plus de dix fois inférieure à la précision qui nous est actuellement accessible. Les deux défauts de la méthode sont donc ici bien pointés.

12.4.3 Dans le modèle à six constantes

Afin d'obtenir des informations supplémentaires sur l'évaluation des constantes de couplage et sur l'influence du nombre d'atomes considérés, nous avons ensuite étudié sept systèmes constitués de 6 mailles élémentaires (144 atomes), du type (2X3Y1Z). Nous leur avons appliqué exactement la même démarche que précédemment. Ils ont tous été obtenus sur le CRAY-T3E de l'IDRIS.

Pour éviter toute confusion avec les systèmes composés de 96 atomes, nous les avons désignés par les lettres A à G. Pour ces nouveaux systèmes, le décompte des interactions est donné dans le tableau 12.4. La valeur moyenne de la densité de spin sur le cuivre est ici : $\sigma = 0,3078 \; u.a.$

Système	J_1	J_2	J_3^a	J_3^b	J_4^a	J_4^b	E_{tot}^I (K)
A	-4	+4	0	-4	0	+4	55
B	+4	0	0	-4	-4	+4	150
C	+4	+4	-4	-4	0	0	150
D	0	0	-4	-4	0	0	0
E	0	-4	0	+4	0	+4	415
F	-4	-4	-4	+4	-8	+8	258
G	+4	-4	0	0	0	0	64

TABLEAU 12.4: *Décompte des interactions magnétiques pour 144 atomes dans le modèle à six chemins d'échange. L'énergie totale la plus basse a été choisie comme origine.*

Dans le modèle à six chemins d'échange, et en utilisant les mêmes notations que dans la section précédente, nous obtenons les équations suivantes :

$$
\begin{aligned}
(1):(A)-(B) \quad & 2J_1 & - & J_2 & & & & - & J_4^a & & & = \varepsilon_{AB} \\
(2):(B)-(C) \quad & & & J_2 & - & J_3^a & & + & J_4^a & - & J_4^b & = \varepsilon_{BC} \\
(3):(C)-(D) \quad & -J_1 & - & J_2 & & & & & & & & = \varepsilon_{CD} \\
(4):(D)-(E) \quad & & - & J_2 & + & J_3^a & + & 2J_3^b & & & + & J_4^b = \varepsilon_{DE} \\
(5):(E)-(F) \quad & -J_1 & & & - & J_3^a & & & - & 2j_4^a & + & J_4^b = \varepsilon_{EF} \\
(6):(F)-(G) \quad & 2J_1 & & & + & J_3^a & - & J_3^b & + & 2j_4^a & - & 2J_4^b = \varepsilon_{FG}
\end{aligned}
\qquad (12.6)
$$

soit numériquement :

$$
\begin{cases}
J_1 \approx -600\ K \\
J_2 \approx 100\ K \\
J_3^a \approx 700\ K \\
J_3^b \approx -100\ K \\
J_4^a \approx -1100\ K \\
J_4^b \approx -1700\ K
\end{cases}
\qquad (12.7)
$$

À ce stade, les résultats apparaissent peu concluants, car des différences notables existent à la fois entre J_3^a et J_3^b, de même qu'entre J_4^a et J_4^b, et par rapport aux valeurs trouvées dans le modèle à quatre chemins. La constante J_2 semble ici avoir été sous-estimée tandis que les constantes $J_4^{a,b}$ sont au contraire fortement surestimées. Il semble évident que la fonctionnelle d'échange-corrélation utilisée y est pour quelque chose, mais ceci pourrait constituer aussi un indice supplémentaire quant à une interaction entre les chemins d'échange qui font intervenir des atomes d'oxygène de type Oh(21) ou Oh(22).

12.5 Perspectives

Le type d'étude que nous avons mené sur l'hydroxynitrate en est encore à ses débuts. Nous n'avons pour l'instant étudié ses propriétés magnétiques que dans le cadre du magnétisme colinéaire, même si des effets de frustration interviennent, et nous ne nous sommes intéressés qu'aux interactions au sein d'un même plan de cuivre. Pour tenir compte de manière satisfaisante des interactions à la fois au sein et entre les feuillets, des calculs mettant en jeu 8 mailles élémentaires (soit 192 atomes) ou plus seront probablement nécessaires. Ceci représentait la limite accessible sur le CRAY-T3E, mais des systèmes encore plus gros seront envisageables sur l'IBM-SP4 dont vient de se doter l'IDRIS. Ils permettront entre autres de déterminer si les règles établies à la section 12.3 pour 96 et 144 atomes sont valables au-delà, en plus de diminuer les effets de bord.

Les constantes de couplage ont été déterminées à partir de systèmes monocouches, car ceux-ci présentent la garantie d'un spin total nul. Pour les systèmes bicouches, le problème est plus délicat car nous ne sommes pas actuellement en mesure d'imposer un spin nul sur chaque plan, ce qui nous oblige à éliminer environ 10 à 20% des systèmes simulés. Avec l'augmentation constante de la puissance des ressources de calcul, plus d'attention pourra toutefois être portée à l'avenir sur ces systèmes, car les systèmes monocouches présentent l'inconvénient d'un couplage ferromagnétique purement artificiel entre les feuillets. De plus, la mise en évidence d'une interaction entre deux chemins d'échange va imposer la simulation de systèmes possédant plusieurs mailles élémentaires suivant l'axe (a), afin de pouvoir distinguer ce phénomène des effets de bord dus à la périodicité de la cellule de simulation. Cela signifie que les systèmes risquent de devenir rapidement beaucoup plus gros.

Pour pouvoir déterminer les constantes de couplage avec plus de précision, plusieurs possibilités s'offrent à nous. D'un côté, l'utilisation de fonctionnelles d'échange-corrélation plus performantes, notamment de B3LYP ou PBE (cf. chapitre 1) permettrait de diminuer fortement l'erreur commise sur les énergies. Une telle solution nécessiterait cependant un changement de méthode et l'utilisation de bases localisées, ce qui nous ferait perdre tous les bénéfices de la dynamique moléculaire *ab initio*, dont nous attendons beaucoup pour les matériaux hybrides dérivés de l'hydroxynitrate, car leurs structures d'équilibre ne sont pas connues. Une autre solution serait d'avoir recours à un modèle plus raffiné pour étudier les interactions magnétiques. Puisqu'il existe une interaction entre certains chemins d'échange, la considération d'interactions entre trois atomes simultanément pourrait apporter des informations précieuses et donner lieu éventuellement à des constantes de couplage plus pertinentes.

Conclusion

Son intérêt industriel et technologique, son impact sur l'environnement et son omniprésence dans notre vie quotidienne font de la liaison Cu-O un sujet idéal pour la recherche. La création de nouvelles applications, l'amélioration de celles qui existent déjà et la suppression des effets indésirables passe par une connaissance approfondie de ses propriétés à toutes les échelles. Mon travail, centré sur ses caractéristiques à l'échelle atomique, avait deux objectifs. Il consistait, d'une part, à déterminer et analyser les propriétés structurales et électroniques d'une série de petits agrégats CuO_n (n=1,...,6), à l'aide de la dynamique moléculaire *ab initio*, en vue de fournir des éléments-clé pour l'interprétation de leurs spectres de photoélectrons, ainsi que pour améliorer la compréhension de la liaison Cu-O et contribuer à élucider les mécanismes de formation de ces agrégats. Il visait également à étudier, avec la même méthode, les propriétés magnétiques du composé solide lamellaire $Cu_2(OH)_3(NO_3)$, afin d'identifier plus finement les porteurs du moment magnétique, les chemins d'échange et leurs interactions au sein des feuillets, ainsi que pour évaluer les constantes de couplage associées à ces interactions de super-échange.

En ce qui concerne les agrégats, le choix de cette approche était motivé à la fois par l'impossibilité pour les expérimentateurs d'accéder à leurs géométries d'équilibre, par l'absence de cadre unifié dans les études théoriques qui avaient été menées jusqu'alors, et aussi parce que la dynamique moléculaire *ab initio* permet de prendre en compte les effets de la température dans les simulations. Pour l'hydroxynitrate de cuivre, il s'agissait d'ouvrir la voie à l'étude des matériaux hybrides organiques-inorganiques lamellaires, en fournissant une démarche générique pour étudier leurs propriétés magnétiques. Si l'usage de la dynamique moléculaire *ab initio* ne se justifie pas pour le premier, qui a été bien caractérisé tant par l'expérience que par la théorie, il s'avérera en revanche très utile pour les seconds, dont la structure d'équilibre n'est pas connue à l'heure actuelle. Encore une fois, l'accès aux effets de la température pourra constituer un atout majeur, même si les moyens à mettre en œuvre sont dans ce cas beaucoup plus lourds, à cause du nombre d'atomes en jeu. Un autre intérêt suscité par $Cu_2(OH)_3(NO_3)$ est qu'il représente, en raison du caractère antiferromagnétique des interactions au sein des feuillets, un bon prototype de système bidimensionnel frustré.

Pour tous nos calculs, nous avons choisi de travailler dans le cadre de la théorie de la fonctionnelle de densité, de projeter les fonctions d'onde sur une base d'ondes planes et d'avoir recours à des pseudopotentiels. Cette approche a fait ses preuves tant au niveau des résultats que de la souplesse de mise en œuvre, et constitue la base même de la dynamique moléculaire *ab initio*.

Les agrégats ont été simulés à l'aide d'un code vectoriel faisant appel aux pseudopotentiels de Vanderbilt. Nous avons eu recours à ces pseudopotentiels dans le but d'optimiser notre utilisation des ressources de calcul. Pour une modélisation correcte avec des pseudopotentiels à norme conservée, le cuivre et l'oxygène réclament tous les deux un grand nombre d'ondes planes, ce qui nous aurait pénalisé au début de cette thèse. Nous nous sommes servis de l'agrégat CuO pour ajuster les paramètres de simulation avec lesquels nous avons simulé toute la série d'agrégats. Nous avons également développé un certain nombre d'outils d'analyse des propriétés électroniques, que nous avons pu tester et valider en nous référant à la littérature existant sur CuO, CuO_2 et CuO_3. Même si elle a posé un certain nombre de difficultés, la migration des codes sur une nouvelle machine a permis de diviser par cinq le temps d'optimisation des géométries, ce qui nous a conduit à réévaluer à la hausse nos objectifs initiaux : au lieu de nous arrêter à CuO_3, nous avons étudié toute la série observée expérimentalement. Nous avons conduit l'optimisation des géométries de manière à accéder à un maximum de structures d'équilibre possible, puis comparé les sytèmes obtenus du point de vue de la stabilité. Nous avons exploré les propriétés de la liaison Cu-O en leur sein en considérant les caractères atomiques des orbitales moléculaires, ou bien en visualisant des cartes de densité, pour identifier le caractère ionique et/ou covalent de la liaison.

Pour modéliser $Cu_2(OH)_3(NO_3)$, nous nous sommes servis d'un code parallèle utilisant des pseudopotentiels de Troullier-Martins, à norme conservée. En nous basant sur des considérations structurales, nous avons identifié les chemins d'échange magnétique au sein des feuillets. Nous avons développé des outils pour déterminer la densité de spin présente sur chaque atome, analysé les interactions réciproques des moments magnétiques du cuivre et de l'oxygène, et mis au point et testé une démarche visant à évaluer les constantes de couplage de l'interaction magnétique. En raison de la précision nécessaire, bien au-delà de celle offerte par la DFT, pour obtenir une estimation réellement quantitative, nous nous sommes attendus dès le début à ne pouvoir fournir qu'un ordre de grandeur pour ces constantes.

Nos résultats concernant les agrégats ont été obtenus dans un cadre unique et peuvent donc être tous comparés entre eux. En particulier, nos travaux font partie des premiers à avoir considéré les trois isomères de CuO_2 dans un même cadre théorique. En accord avec les calculs de type DFT qui avaient été effectués auparavant, la forme la plus stable est l'isomère *bent* du complexe dans le cas des agrégats neutres, et la molécule linéaire pour les agrégats négativement chargés. Nous avons montré que la molécule linéaire neutre était instable dans un état quadruplet et avons déterminé la structure d'équilibre de l'agrégat dans ce cas particulier. Grâce à la prise en considération des effets thermiques sur la stabilité des isomères chargés du complexe, nous avons montré qu'ils coexistent tous deux au sein des spectres, dans des états de spin différents. Enfin, l'analyse des orbitales moléculaires a mis en évidence le caractère covalent plus prononcé de la liaison Cu-O dans la molécule linéaire.

Nous avons mis en évidence quatre géométries possibles pour CuO_3 : deux d'entre d'elles sont associées à des complexes $OCu(O_2)$, une autre, cyclique, correspond à un ozonide, et la dernière comporte également un groupement O_3 mais n'est pas cyclique. Au niveau des propriétés électroniques, cette molécule présente des schémas d'hybridation plus complexes que CuO_2 et on peut observer une triple hybridation $Cu^{3d,4s} - O^{2p}$ chez trois de ses isomères.

Les structures d'équilibre des autres agrégats de la série montrent, à une exception près, que les blocs structuraux qui les composent peuvent être rattachés à un des isomères de CuO, CuO_2 ou CuO_3. Cette exception concerne un isomère de CuO_5 qui, s'il s'avère suffisamment stable, pourrait avoir des propriétés catalytiques intéressantes. Nous n'avons pas fait d'analyse détaillée de l'extension spatiale de la densité électronique au sein de ces agrégats. Cependant, compte tenu du fait que les orbitales les plus proches du niveau de Fermi présentent une faible hybridation, nous nous attendons à ce que l'ionicité de la liaison Cu-O y soit élevée.

Dans la deuxième partie de ce travail, nous avons suivi les lignes directrices suggérées par une étude qui avait initié la modélisation de l'hydroxynitrate de cuivre par la dynamique moléculaire *ab initio*. Les atomes de cuivre avaient été identifiés comme étant les porteurs des moments magnétiques. En observant la topologie de la densité de spin, nous avons constaté que certains atomes d'oxygène pouvaient eux aussi présenter un moment de spin non négligeable. Nous avons montré que ce genre d'événement se produisait lorsque les atomes de cuivre plus proches voisins de l'oxygène en question étaient alignés parallèlement. Étant donné le caractère globalement antiferromagnétique des interactions, cela signifie que l'oxygène se magnétise lorsqu'il y a un maximum de frustration au niveau de ses plus proches voisins.

Sur la base de considérations structurales, les propriétés magnétiques de $Cu_2(OH)_3(NO_3)$ peuvent être modélisées, au sein des feuillets, par des interactions à quatre ou six chemins d'échange. En associant un hamiltonien phénoménologique à chaque répartition des moments de spin obtenue, nous avons construit des systèmes d'équations pour tenter de calculer des valeurs approchées pour les constantes de couplage des interactions magnétiques associées à ces chemins d'échange. Les résultats obtenus jusqu'à présent ne sont cependant pas concluants.

Même si nous avons apporté un grand soin à tous nos calculs, un certain nombre d'améliorations pourra être apporté. Il est en effet fort possible que la liste d'isomères que nous présentons ne soit pas exhaustive, et il est même probable que d'autres structures d'équilibre seront découvertes à l'avenir. Un autre point qu'il sera également intéressant de considérer concerne la réduction du rayon de coupure du pseudopotentiel pour l'oxygène. Celui que nous avons utilisé avait été choisi de manière à réduire au maximum le nombre d'ondes planes nécessaires pour modéliser l'oxygène, ce qui a eu pour conséquence des distances O-O un peu surévaluées. La puissance de calcul des machines disponibles ayant fortement augmenté pendant la durée du présent travail, il est aujourd'hui tout-à-fait envisageable de réduire le rayon de 1,4 u.a. à 1,2 u.a., ce qui fournira des géométries encore plus précises et réduira très probablement le recouvrement, déjà faible, lors du calcul des populations.

Les données que nous avons rassemblées sur les propriétés électroniques de ces petits systèmes sont très nombreuses, et leur exploitation n'est pas encore terminée. Nous avons exposé ici leurs caractéristiques principales, et de nombreux détails pourront être éclaircis par une analyse plus approfondie. La réalisation de cartes de densité électronique à la demande, pour visualiser l'extension spatiale des orbitales et préciser le caractère de la liaison Cu-O dans un isomère en particulier, apportera également son lot d'informations. Enfin, les fruits d'un effort de stabilisation du code permettant d'obtenir les énergies des états excités sera très certainement bien accueilli par les expérimentateurs.

Les simulations qui seront menées à l'avenir sur l'hydroxynitrate retireront le plus grand bénéfice de l'augmentation de la puissance de calcul disponible. L'IDRIS vient de s'équiper d'une nouvelle machine parallèle qui permettra d'envisager des systèmes de plus de 200 atomes, réduisant d'autant les effets de bord dus à la périodisation de la cellule de simulation. Il sera ainsi possible de déterminer si les relations entre les moments magnétiques du cuivre et de l'oxygène que nous avons établies sont extrapolables. Refaire le calcul des constantes de couplage à partir de systèmes bicouches conduira très certainement à une amélioration des résultats. L'hamiltonien que nous avons utilisé pourra également être raffiné, de manière à tenir compte des interactions entre les chemins d'échange. Pour terminer, ajoutons que de nouvelles fonctionnelles, plus adaptées et compatible avec la dynamique moléculaire *ab initio*, seront peut-être mises en œuvre.

Annexe A

Publications, communications et autres activités

A.1   Publications

1. **Neutral and anionic CuO_2 : an *ab initio* study**
   Y. POUILLON, C. MASSOBRIO, M. CELINO
   Computational Materials Science, Volume 17, Issue 2–4, pp. 539–543 (2000)

2. **A density functional study of CuO_2 molecules : structural stability, bonding and temperature effects**
   Y. POUILLON, C. MASSOBRIO
   Chemical Physics Letters, Volume 331, Issue 2–4, pp. 290–292 (2000)

3. **A density functional study of copper hydroxonitrate : size effects and spin density topology**
   C. MASSOBRIO, Y. POUILLON, P. RABU, M. DRILLON
   Polyhedron, Volume 20, pp. 1305–1309 (2001)

4. **Electronic Structure and Magnetic Behavior in Polynuclear Transition-Metal Compounds**
   E. RUIZ, S. ALVAREZ, A. RODRÍGUEZ-FORTEA, P. ALEMANY, Y. POUILLON, C. MASSOBRIO
   in J.S. MILLER & M. DRILLON, *Magnetism : Molecules to Materials II, Wiley-VCH, Weinheim, Germany, pp. 227–279 (2001)*

5. **Identifying structural building blocks in CuO_6 clusters : CuO_2 complexes vs CuO_3 ozonides**
   Y. POUILLON, C. MASSOBRIO
   Chemical Physics Letters, Volume 356, Issue 5-6, pp. 469–475 (2002)

149

A.2   Communications

1. **Structural and electronic properties of CuO_2 clusters**
   Y. POUILLON, C. MASSOBRIO, M. CELINO
   The E-MRS 1999 Spring Meeting, Strasbourg, 1999
   Affiche

2. **Étude *ab initio* d'agrégats CuO_2, neutres et négativement chargés**
   Y. POUILLON, C. MASSOBRIO
   SEMAT'99 - Structure Électronique et MATériaux, Mont Sainte-Odile, 1999
   Contribution orale

3. **Dynamique moléculaire *ab initio* : les agrégats CuO_2 et Cu_2O**
   Y. POUILLON, C. MASSOBRIO
   Simulation numérique, matière condensée et désordre : Interface simulation-expérience,
   Paris, 2000
   Contribution orale

4. **Density-functional calculations of copper oxide clusters**
   Y. POUILLON, C. MASSOBRIO
   The Ψ_k 2000 Conference, Schwäbisch Gmünd (Allemagne), 2000
   Affiche

5. **Modélisation *ab initio* de petits agrégats CuO**
   Y. POUILLON, C. MASSOBRIO
   Laboratoire de Chimie Quantique (UMR 7551 du CNRS), Strasbourg, 2001
   Exposé sur invitation

A.3   Enseignement

1. **Travaux dirigés de mathématiques pour le cours de Dominique SPEHLER**
   1999-2000 (64 h) et 2000-2001 (96 h)
   Département de Génie Biologique, IUT Louis Pasteur de Schiltigheim, Schiltigheim
   160 heures

A.4   Activités annexes

1. **Développement et administration d'un site web pour le GDR SEMAT (Structure Électronique et MATériaux)**
   Institut de Physique et Chimie des Matériaux de Strasbourg, Strasbourg
   `http://semat.u-strasbg.fr`

2. **Réalisation de séminaires internes en informatique pour les doctorants**
   Utiliser efficacement les outils Unix / LaTeX / Programmer en C
   Institut de Physique et Chimie des Matériaux de Strasbourg, Strasbourg
   10 « exposés interactifs »

Annexe B

CPV : description, utilitaires et portage

B.1 Programme principal

CPV (pour CAR-PARRINELLO-VANDERBILT) est un code de dynamique moléculaire *ab initio* utilisant les pseudopotentiels de Vanderbilt. Il a été développé en Fortran 77 au sein du groupe de recherche d'Alfredo PASQUARELLO, à l'Institut Romand de Recherches Numériques en Physique des Matériaux (IRRMA), à Lausanne. Il se compose de 81 routines constituant en tout environ 12000 lignes de code. Il a été optimisé pour tourner sur les architectures à allocation de mémoire statique de type CRAY ou NEC disponibles au début des années 1990. Pour le calcul de l'énergie, il prend en compte les fonctionnelles d'échange-corrélation de la LDA et des corrections de gradient B88P86 et PW91. Nous n'avons utilisé que la LDA et PW91 car nous ne disposions que des pseudopotentiels préparés pour ces deux approximations. Au moment où nous avons commencé nos calculs, la version du programme que nous utilisions (février 1994) n'était pas en mesure d'effectuer des simulations pour des systèmes polarisés en spin et utilisant la GGA. Grâce à une routine que nous a fait parvenir Alfredo PASQUARELLO fin 1999, cette fonctionnalité a pu être rapidement ajoutée.

Ce code permet de déterminer l'état fondamental électronique par dynamique amortie ou méthode *steepest descent*, d'effectuer des simulations de dynamique moléculaire avec ou sans frottement, des simulations à température finie en *velocity scaling* ou avec des thermostats de NOSÉ-HOOVER et de simuler des agrégats comportant des états vides. De nombreux paramètres sont ajustables à l'exécution, mais tous ceux qui sont liés au nombre d'ondes planes ou à la taille de la cellule sont intégrés en dur dans le programme, car toutes les structures de données sont statiques. Il faut donc le recompiler à chaque changement de ces paramètres. Toujours pour la même raison, le programme doit être compilé différemment si l'on souhaite tenir compte du spin. Étant donné que nous avons effectué un certain nombre de modifications au cours du temps, une arborescence CVS a été constituée. Les versions sont numérotées de 0.0 à 1.1, correspondant respectivement à la version originale et à la version utilisée actuellement sur le NEC-SX5 de l'IDRIS.

Nom	Fonction
CPV77	Programme originel - État fondamental, optimisations, dynamique moléculaire, ...
CPV77_EIG	Récupération des états propres du système
CPV77_CUT	Coupure des orbitales atomiques
CPV77_POP	Détermination des populations des orbitales moléculaires
CPV77_MAP	Extraction des contributions des orbitales à la densité électronique
CPV77_EX0	Obtention des états excités à l'ordre 1 (non porté)
CPV77_EX1	Diagonalisation avec un état gelé (non porté)
CPV77_EX2	Mélange des densités (non porté)
CPV77_TEV	Tests sur les énergies propres réalisés lors du portage
MAP90	Construction des cartes de densité

TABLEAU B.1: *Nom et fonction des exécutables obtenus après compilation de* CPV.

B.2 Utilitaires

Les utilitaires que nous avons mis en œuvre se divisent en deux parties. Les uns correspondent aux outils d'analyse que nous avons développés autour de CPV, et sont intimement liés à ce dernier. **Il est absolument indispensable de les compiler en même temps que CPV, en utilisant les mêmes paramètres**. Tout comme CPV, ils sont en Fortran 77. Le tableau B.1 indique le nom et la fonction de chacun d'eux. Le programme CPV77_MAP, qui réalisait la totalité du processus de création des cartes de densité, s'est révélé instable sur le NEC-SX5, et je n'ai pas réussi à en déterminer la cause. J'ai donc limité son action à l'extraction des contributions des orbitales à la densité électronique, puis j'ai écrit un utilitaire en Fortran 90, nommé MAP90, qui prend en charge le reste du processus et qui peut être compilé séparément. L'avantage est que ce programme s'exécute de manière beaucoup plus optimale sur le NEC-SX5 : un facteur 10 en vitesse à été gagné par rapport au CRAY.

Les autres utilitaires consistent en une série de codes en Fortran 90 et de scripts (PERL et *shell-scripts*), que nous avons développés indépendamment de CPV. Ils servent à compléter les analyses des résultats, produire des rapports aux formats LaTeX et PostScript et générer des images, ou encore à insérer des informations dans la base de données *clusters* (cf. annexe C). Leur nom et leur fonction sont regroupés dans le tableau B.2.

B.3 Portage de CPV sur le NEC-SX5 de l'IDRIS

En décembre 1999, l'Institut du Développement des Ressources en Informatique Scientifique (IDRIS) a décidé de moderniser son parc de serveurs, en remplaçant les deux CRAY-C90 alors en service par un NEC-SX5. Une augmentation significative des performances avait été promise pour tous les codes « dont la vectorisation sur le NEC-SX5 était satisfaisante ».

Nom	Fonction
clgrab	Récupère les géométries d'une série d'agrégats
geo2ps	Génère un rapport en PostScript sur la stabilité comparée d'une série d'agrégats, ainsi que des fichiers de données concernant leur géométrie (DAT, PDB, WRL)
dat2ini	Permet d'utiliser une géométrie optimisée comme configuration initiale pour une autre optimisation
pdb2eps	Crée des images au format EPS à partir d'une série de géométries (au format PDB)
map2eps	Crée des images au format EPS représentant les cartes de densité
pop2tex	Génère un rapport au format LaTeX et un diagramme en bâtons pour les populations

TABLEAU B.2: *Nom et fonction des autres utilitaires développés.*

Les utilisateurs disposaient d'un mois pour porter leurs codes. L'arrêt définitif des CRAY était prévu pour le mois de janvier 2000. Le portage de CPV a, en tout, pris quatre mois, du fait des nombreuses difficultés rencontrées. J'ai dû consacrer au total environ 800 heures au portage, au lieu des 200 prévues initialement. L'essentiel du travail n'a pas tellement consisté à restructurer le code pour l'adapter à la nouvelle architecture, mais plutôt à le restabiliser.

J'ai tenté dans un premier temps de moderniser le programme en le restructurant entièrement, afin qu'il soit plus conforme à la norme Fortran 90. Je me suis cependant vite aperçu qu'il allait falloir réécrire un certain nombre de sous-programmes critiques, ce qui aurait nécessité de les retester de A à Z et aurait pris beaucoup trop de temps. J'ai donc rapidement abandonné cette voie.

Grâce à l'aide du personnel technique de l'IDRIS et à l'intervention d'un ingénieur de chez NEC, j'ai pu corriger la très grande majorité des problèmes, qui provenaient en fait des astuces de programmation utilisées par les concepteurs de CPV. Sur une machine à allocation de mémoire statique, les boucles peuvent être réécrites de manière à accélérer le code. Malheureusement, cette opération a un effet désastreux sur la portabilité du code, surtout lorsqu'on passe à une machine à allocation de mémoire dynamique comme le NEC-SX5. Nous avons donc modifié tout d'abord les 300 boucles posant problème pour permettre l'utilisation du code sur le NEC-SX5, et l'ingénieur NEC a réécrit les routines de FFT. De nombreux autres problèmes très pointus sont survenus par ailleurs, que nous avons dû traiter au cas par cas.

Remarque importante : après avoir stabilisé le code, nous nous sommes heurtés plusieurs fois à des dysfonctionnements qui sont survenus puis ont disparu de manière appremment aléatoire. Après de nombreuses recherches infructueuses, nous avons fini par nous apercevoir qu'il s'agissait de bogues du compilateur de chez NEC. Compte tenu du fait que la norme Fortran 90 est appliquée depuis 1992 et la norme Fortran 95 depuis 1997, l'entreprise NEC a considéré, avec raison, que la norme Fortran 77 était obsolescente et ne maintient plus activement la partie du compilateur qui permet de créer les binaires répondant à cette ancienne norme. Les bogues ne sont donc corrigés que lorsqu'un utilisateur se manifeste et parvient à décrire son problème de manière suffisamment précise. En conclusion, et puisque la norme Fortran 2000 entre en vigueur en 2002, la réécriture du programme CPV en Fortran 90 est à considérer dès maintenant comme une option envisageable.

B.4 Performances

Terminons par quelques précisions concernant les performances enregistrées. La mise au point des paramètres de simulation, le développement des outils d'analyse et l'optimisation des géométries des isomères de CuO_2 ont été réalisés sur les CRAY-C90. À cette époque, les performances étaient comprises entre 4 et 6 s par pas de simulation pour ces opérations, sachant que la plupart des calculs étaient non-polarisés en spin. Il fallait compter plus d'une demi-heure pour couper les orbitales du cuivre et tracer les cartes de densité, et le calcul des populations nécessitait un peu moins de 20 minutes. Les programmes tournaient aux alentours de 200–300 MFLOPS.

Les performances ont été nettement améliorées sur le NEC-SX5, malgré les nombreuses difficultés rencontrées lors du portage du code. Les temps de calcul ont été divisés par 5 pour la détermination de l'état fondamental électronique et des structures d'équilibre, ainsi que pour la dynamique moléculaire, ce qui nous a permis de revoir à la hausse nos objectifs. Pour des calculs polarisés en spin, un pas de simulation prend de 1,2 s pour CuO à 3 s pour CuO_6, avec un taux de vectorisation compris entre 72 et 75%, et ce pour toutes les opérations faisant intervenir la dynamique moléculaire. La coupure des orbitales prend moins de 10 minutes pour le cuivre comme pour l'oxygène, et le calcul des populations, qui se vectorise très bien, ne nécessite plus qu'une trentaine de secondes au maximum. Les programmes exhibent de 1100 à 1500 MFLOPS en moyenne.

L'extraction des contributions des orbitales à la densité électronique n'est que 2,5 fois plus rapide par rapport aux CRAY-C90, cette moindre amélioration pouvant s'expliquer par le nombre important d'opérations d'entrée-sortie effectuées. Néanmoins, la partie qui a été réécrite en Fortran 95 s'exécute à plus de 3000 MFLOPS avec un taux de vectorisation de 92%, ce qui est excellent sur le NEC-SX5, et ramène le temps nécessaire à cette opération à 5 minutes pour CuO et 25 minutes pour CuO_6. En extrapolant, cette dernière durée aurait été d'environ 2 heures et demi sur les CRAY.

Annexe C

La base de données *clusters*

C.1 Nomenclature

L'ensemble des résultats obtenus sur les agrégats CuO_n, comprenant les 138 systèmes étudiés, représente environ 3 Go de données, réparties dans plus de 3000 fichiers. Afin d'en assurer l'intégrité et la pérennité, nous avons mis en place une nomenclature capable de garantir l'unicité de chaque nom de fichier. Nous avons retenu une forme d'étiquetage numérique à cause de sa compacité. Ainsi les fichiers ont-ils été nommés comme il est indiqué sur la figure C.1, à l'aide de huit chiffres.

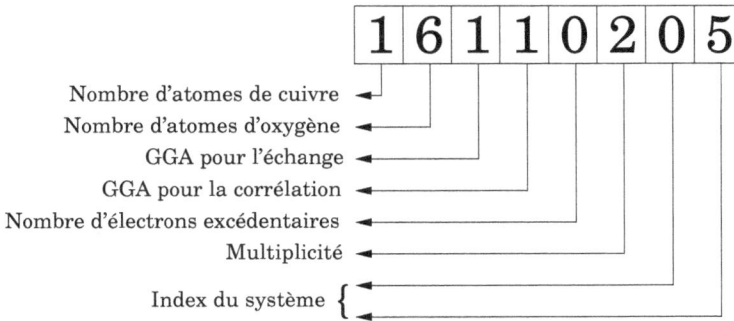

FIGURE C.1: *Nomenclature utilisée pour nommer les fichiers. Nous avons choisi un code à huit chiffres pour des raisons de compacité. Dans l'exemple présenté ci-dessus, le système considéré est un agrégat CuO_6 (16......), modélisé dans l'approximation PW91 pour l'échange et la corrélation (..11....) ; il s'agit d'un doublet neutre (....02..) qui correspond à la cinquième géométrie testée (......05).*

Avec ces conventions, une multiplicité égale à 0 indique que le spin n'a pas été pris en compte. Pour l'échange et la corrélation, les correspondances chiffrage / nom sont les suivantes (la

convention de nommage des approximations suivie ici est celle que nous avions adoptée au
chapitre 1) :

Chiffre	Échange	Corrélation
0	*Pas de correction de gradient*	
1	PW91	PW91
2	B88	P86

Pour compléter le nom de chaque fichier, une extension est accolée à ces huit chiffres afin de
désigner le type de données qu'il contient. Le tableau suivant présente tous les types d'extension
utilisés :

Extension	Type de données
.clu.new	Caractéristiques du système à la fin de la dernière simulation
.clu	Caractéristiques du système au début de la dernière simulation
.clu.old	Caractéristiques du système à la fin de la simulation précédente
.clu.out	Fichier de contrôle de la dernière simulation
.clu.tot	Fichier de contrôle de toutes les simulations
.den	Densité électronique du système
.eig	Valeurs propres et états propres du système
-x.xx.cut	Orbitales coupées avec un rayon de coupure de x.xx u.a.
.pop	Populations des orbitales moléculaires
-pop.tex	Fichier LaTeX contenant les populations des orbitales
-pop.eps	Fichier Postscript représentant graphiquement les populations
.map	Extension spatiale de la densité électronique
.map-xx	Extension spatiale de $|\psi_{xx}|^2$
-cu.pos	Position des atomes de cuivre dans les cartes de densité
-o.pos	Position des atomes d'oxygène dans les cartes de densité

Parallèlement, tous les paramètres ayant servi à obtenir ces fichiers sont stockés dans
la base de données *clusters*. Il s'agit d'une base de type PostgreSQL (voir à l'adresse
http://www.postgresql.org/ pour plus de détails), ce choix ayant été motivé par :
  − la conformance totale à la norme SQL 92 ;
  − la gratuité et la disponibilité du code source ;
  − les performances enregistrées ;
  − la présence d'une documentation de qualité ;
  − la possibilité d'interfaçage souple avec les langages PERL et PHP.

Le regroupement des résultats sous cette forme permet non seulement de stocker, au besoin,
tous les fichiers de données dans un seul répertoire, mais aussi de reprendre, sans faire d'erreur,
n'importe quel calcul à l'endroit où il était arrêté, et ce après une durée arbitraire.

C.2   Accéder aux résultats

Il existe deux façons d'accéder aux résultats stockés dans la base de données :
- soit depuis Internet, à l'aide d'un formulaire HTML (accès soumis à autorisation) ;
- soit directement, à l'aide d'une requête SQL.

La première méthode est la plus sûre et la plus souple pour consulter les données : la possibilité d'une fausse manœuvre est très réduite et il est possible d'établir automatiquement des liens hypertexte vers les fichiers ou les scripts nécessaires au traitement des données récupérées. La seconde pourra être utilisée lors de toute opération de maintenance de la base. Pour des raisons de sécurité, il n'est pas permis d'effacer des enregistrements, même s'il est possible de les mettre à jour.

Il est vivement recommandé de savoir effectuer une requête SQL *avant d'entreprendre toute modification de la base de données. La réf. [168] constitue une excellente introduction et un manuel de référence particulièrement utile à ce propos.*

C.3   Structure de la base de données

C.3.1   Tables

La base de données *clusters* comporte 12 tables, chacune assignée à un rôle bien précis. Le tableau ci-dessous en expose la liste :

Nom de la table	Fonction
species	Contient les paramètres relatifs à chaque espèce simulée
exchange	Met en correspondance nomenclature et GGA pour l'échange
correlation	Met en correspondance nomenclature et GGA pour la corrélation
parameters	Contient les jeux de paramètres statiques utilisés pour les simulations
dynamics	Contient les jeux de paramètres dynamiques utilisés pour les simulations
identities	Permet d'établir une « carte d'identité » de chaque système étudié
startpoints	Contient les géométries initiales choisies pour les optimisations
geometries	Contient les structures d'équilibre des systèmes étudiés
energies	Contient la valeur des différents termes de l'énergie totale
orbitals	Contient les énergies propres et les populations des orbitales
maps	Contient les cartes de densité
excitations	Contient les énergies des états excités

Des contraintes sont ajoutées aux différents champs fin de s'assurer, de manière interne à la base de données et lors de la saisie, que les valeurs rentrées ont un sens. Des symboles sont utilisés pour désigner ces contraintes, afin d'en raccourcir l'énoncé :

Le symbole ...	signifie ...
$\otimes$	le champ ne doit pas être vide
!	la valeur du champ doit être unique dans la table
$\odot$	une valeur par défaut est assignée au champ
⊎	le champ est associé à une séquence
$\in < table >$	la valeur du champ doit être dans $< table >$

Si une seule des contraintes n'est pas respectée, la requête est rejetée par la base de données. L'acceptation d'une requête contenant un champ associé à une séquence (ou compteur) entraîne l'incrémentation automatique de cette séquence (de ce compteur). Lorsque cela n'est pas précisé, les champs cumulant les contraintes $\otimes$ et ! sont utilisés comme clés d'indexation afin d'accélérer l'accès aux données.

Les sous-sections qui suivent décrivent la structure interne de chaque table, en détaillant le type et la finalité de tous les champs, ainsi que les contraintes qui leur sont imposées. Les lignes grisées correspondent à des champs dont l'utilisation est strictement interne à la base de données. *Il est vivement déconseillé de modifier manuellement la valeur de ces champs,* **sous peine de compromettre l'intégrité de l'ensemble des données**.

C.3.2   La table *species*

Champ	Type	Description	Contrainte(s)
name	Chaîne	Symbole de l'espèce chimique	$\otimes$
mass	Réel	Masse atomique (en u.a.)	$\otimes$ / $\geq 0,0$
zv	Réel	Charge de valence (en électrons)	$\otimes$ / $\geq 0,0$
ipp	Entier	Index du pseudopotentiel	$\otimes$ / ≥ 0
rcmax	Réel	Rayon maximum du pseudopotentiel	$\otimes$ / ≥ 0
notes	Texte	Commentaires sur la génération du pseudopotentiel	—
id	Entier	Clé d'indexation primaire (variable interne)	$\otimes$ / ! / $\odot$ / ⊎

Le champ *id* est relié à la séquence *spcid_seq*.

C.3.3 La table *parameters*

Champ	Type	Description	Contrainte(s)
symmetry	Entier	Réseau de Bravais pour la super-cellule	⊗ / ≥ 0
cx	Réel	Taille de la cellule suivant x (en u.a.)	⊗ / > 0, 0
cy	Réel	Taille de la cellule suivant y (en u.a.)	⊗ / ≥ 0, 0
cz	Réel	Taille de la cellule suivant y (en u.a.)	⊗ / ≥ 0, 0
ca	Réel	Angle $y\hat{O}z$ (en degrés)	⊗ / ≥ 0, 0
cb	Réel	Angle $x\hat{O}z$ (en degrés)	⊗ / ≥ 0, 0
cc	Réel	Angle $x\hat{O}y$ (en degrés)	⊗ / ≥ 0, 0
r1	Réel	Énergie de coupure des fonctions d'onde (en Ry)	⊗ / > 0, 0
r2	Réel	Énergie de coupure de la partie augmentée (en Ry)	⊗ / > 0, 0
dual	Réel	Coupure de $|\psi_i|^2$: $dual \times r1$	⊗ / > 0, 0
nr1x	Entier	Taille de la grille dense suivant x	⊗ / > 0
nr2x	Entier	Taille de la grille dense suivant y	⊗ / > 0
nr3x	Entier	Taille de la grille dense suivant z	⊗ / > 0
nr1sx	Entier	Taille de la grille large suivant x	⊗ / > 0
nr2sx	Entier	Taille de la grille large suivant y	⊗ / > 0
nr3sx	Entier	Taille de la grille large suivant z	⊗ / > 0
nr1bx	Entier	Taille des boîtes suivant x	⊗ / > 0
nr2bx	Entier	Taille des boîtes suivant y	⊗ / > 0
nr3bx	Entier	Taille des boîtes suivant z	⊗ / > 0
ngx	Entier	Nombre total de vecteurs **G**	⊗ / > 0
ngsx	Entier	Nombre de vecteurs **G** pour la grille large	⊗ / > 0
ngbx	Entier	Nombre de vecteurs **G** pour les boîtes	⊗ / > 0
ngwx	Entier	Nombre de vecteurs **G** pour les fonctions d'onde	⊗ / > 0
nglx	Entier	Nombre de sphères dans l'espace réciproque	⊗ / > 0
nglbx	Entier	Nombre de sphères dans les boîtes réciproques	⊗ / > 0
nhx	Entier	Nombre maxi de fonctions β	⊗ / > 0
nbrx	Entier	Nombre maxi de fonctions β radiales	⊗ / > 0
lx	Entier	Nombre maxi de moments orbitaux	⊗ / > 0
nlx	Entier	Nombre maxi de moments orbitaux	⊗ / > 0
nijx	Entier	$\frac{1}{2}$nhx $\times$ (nhx+1)	⊗ / > 0
mmaxx	Entier	Nombre maxi de points pour les fonctions β radiales	⊗ / > 0
ortho	Booléen	Faux : Graham-Schmidt - Vrai : méthode alternative	⊗
eps	Réel	Erreur autorisée pour l'orthonormalisation	⊗ / > 0, 0
reps	Réel	Erreur autorisée sur la densité	⊗ / > 0, 0
nmax	Entier	Nombre maxi d'itérations d'orthonormalisation	⊗ / > 0
ntop	Entier	Nombre maxi d'itérations d'orthonormalisation	⊗ / > 0, 0
title	Texte	Titre du jeu de paramètres	—
id	Entier	Clé d'indexation primaire (variable interne)	⊗ / ! / ⊙ / ⊎

Le champ *id* est relié à la séquence *parid_seq*.

C.3.4 La table *exchange*

Champ	Type	Description	Contrainte(s)
name	Chaîne(16)	Nom de l'approximation pour l'échange	$\otimes$
description	Texte	Description de l'approximation	—
id	Entier	Numéro, suivant la nomenclature	$\otimes$ / !

C.3.5 La table *correlation*

Champ	Type	Description	Contrainte(s)
name	Chaîne(16)	Nom de l'approximation pour la corrélation	$\otimes$
description	Texte	Description de l'approximation	—
id	Entier	Numéro, suivant la nomenclature	$\otimes$ / !

C.3.6 La table *dynamics*

Champ	Type	Description	Contrainte(s)
dt	Réel	Pas d'intégration (en u.t.a.)	$\otimes$ / $> 0,0$
mu	Réel	Masse fictive (en u.m.a.)	$\otimes$ / $> 0,0$
pc	Réel	Préconditionnement	$\otimes$ / $> 0,0$
fe	Réel	Coefficient de frottement pour les électrons	$\otimes$ / $0,0 \leq fe \leq 1,0$
ge	Réel	Viscosité pour les électrons	$\otimes$ / $\odot$ / $0,0 \leq ge \leq 1,0$
sde	Booléen	*Steepest descent* pour les électrons	$\otimes$
fi	Réel	Coefficient de frottement pour les ions	$\otimes$ / $0,0 \leq fi \leq 1,0$
gi	Réel	Viscosité pour les ions	$\otimes$ / $\odot$ / $0,0 \leq gi \leq 1,0$
sdi	Booléen	*Steepest descent* pour les ions	$\otimes$
ei	Réel	Température des ions	$\otimes$ / $> 0,0$
ti	Réel	Tolérance des ions (*velocity scaling*)	$\otimes$ / $> 0,0$
di	Réel	Déviation des ions (Nosé-Hoover)	$\otimes$ / $> 0,0$
qe	Réel	Déviation des électrons (Nosé-Hoover)	$\otimes$ / $> 0,0$
qi	Réel	Déviation des électrons (Nosé-Hoover)	$\otimes$ / $> 0,0$
notes	Texte	Commentaires	—
id	Entier	Clé d'indexation primaire (variable interne)	$\otimes$ / ! / $\odot$ / $\boxplus$

Le champ *id* est relié à la séquence *dynid_seq*.

C.3.7 La table *identities*

Champ	Type	Description	Contrainte(s)
nsp	Entier	Nombre d'espèces dans le système	$\otimes$ / $0 < nsp \leq 4$
s1	Entier	Première espèce	$\otimes$ / $\in species$
n1	Entier	Nombre d'atomes de la première espèce	$\otimes$ / > 0.0
rc1	Réel	Rayon de coupure des populations	$>= 0.0$
s2	Entier	Deuxième espèce	$\otimes$ / $\odot$ / $\in species$
n2	Entier	Nombre d'atomes de la deuxième espèce	$\otimes$ / $\odot$
rc2	Réel	Rayon de coupure des populations	$>= 0.0$
s3	Entier	Troisième espèce	$\otimes$ / $\odot$ / $\in species$
n3	Entier	Nombre d'atomes de la troisième espèce	$\otimes$ / $\odot$
rc3	Réel	Rayon de coupure des populations	$>= 0.0$
s4	Entier	Quatrième espèce	$\otimes$ / $\odot$ / $\in species$
n4	Entier	Nombre d'atomes de la quatrième espèce	$\otimes$ / $\odot$
rc4	Réel	Rayon de coupure des populations	$>= 0.0$
exchange	Entier	Approximation pour l'échange	$\otimes$ / $\in exchange$
correlation	Entier	Approximation pour la corrélation	$\otimes$ / $\in correlation$
charge	Entier	Charge totale du système	$\otimes$
multiplicity	Entier	Multiplicité du système	$\otimes$ / ≥ 0
params	Entier	Paramètres de compilation de CPV	$\otimes$ / $\in parameters$
mapx	Entier	Taille en x des cartes de densité	$\otimes$ / ≥ 10
mapy	Entier	Taille en y des cartes de densité	$\otimes$ / ≥ 10
mapscale	Réel	Échelle des cartes de densité	$\otimes$ / ≥ 0.0
isomer	Texte	Isomère (cf. nomenclature)	—
notes	Texte	Commentaires	—
id	Chaîne(8)	Nom à huit chiffres du système	$\otimes$ / !

Bien qu'ici seules deux espèces soient prises en compte, il est possible d'en traiter jusqu'à quatre, moyennant une redéfinition de la nomenclature.

C.3.8 La table *startpoints*

Champ	Type	Description	Contrainte(s)
isp	Entier	Index de l'espèce dans le système	$\otimes$
iat	Entier	Index de l'atome dans l'espèce	$\otimes$
x	Réel	Coordonnée x initiale	$\otimes$
y	Réel	Coordonnée y initiale	$\otimes$
z	Réel	Coordonnée z initiale	$\otimes$
id	Chaîne(8)	Nom à huit chiffres du système	$\otimes$ / $\in identities$

C.3.9 La table *geometries*

Champ	Type	Description	Contrainte(s)
isp	Entier	Index de l'espèce dans le système	⊗
iat	Entier	Index de l'atome dans l'espèce	⊗
x	Réel	Coordonnée x à l'équilibre	⊗
y	Réel	Coordonnée y à l'équilibre	⊗
z	Réel	Coordonnée z à l'équilibre	⊗
id	Chaîne(8)	Nom à huit chiffres du système	⊗ / ∈ *identities*

C.3.10 La table *energies*

Champ	Type	Description	Contrainte(s)
etot	Réel	Énergie totale	⊗
ekin	Réel	Énergie cinétique des électrons	⊗
eel	Réel	Énergie de Hartree	⊗
esr	Réel	Énergie	⊗
eself	Réel	Énergie de *self-interaction*	⊗
epp	Réel	Énergie locale du pseudpotentiel	⊗
enl	Réel	Énergie non-locale du pseudpotentiel	⊗
exc	Réel	Énergie d'échange-corrélation	⊗
vavg	Réel	Potentiel moyen	⊗
id	Chaîne(8)	Nom à huit chiffres du système	⊗ / ∈ *identities*

C.3.11 La table *orbitals*

Champ	Type	Description	Contrainte(s)
n	Entier	Numéro de l'orbitale	⊗
fi	Réel	Nombre d'occupation de l'orbitale	⊗
e	Réel	Énergie propre de l'orbitale	⊗
nw	Entier	Nombre de populations calculées	⊗ / ⊙ / $0 \leq nw \leq 10$
w1	Réel	Première population de l'orbitale	⊗ / ⊙ / $0,0 \leq w1 \leq 1,0$
⋮			
w10	Réel	Dixième population de l'orbitale	⊗ / ⊙ / $0,0 \leq w10 \leq 1,0$
id	Chaîne(8)	Nom à huit chiffres du système	⊗ / ∈ *identities*

Le nombre de populations différentes qui peuvent être stockées est limité à dix.

C.3.12 La table *maps*

Champ	Type	Description	Contrainte(s)
n	Entier	Numéro de l'orbitale	$\otimes$
x	Entier	Abscisse du point de la grille	$\otimes$
y	Entier	Ordonnée du point de la grille	$\otimes$
d	Réel	Densité au point (x,y)	$\otimes$
id	Chaîne(8)	Nom à huit chiffres du système	$\otimes$ / $\in identities$

C.3.13 La table *excitations*

Champ	Type	Description	Contrainte(s)
n	Entier	Numéro de l'orbitale	$\otimes$
e_first	Réel	Énergie au premier ordre	$\otimes$
e_relax	Réel	Énergie après relaxation	$\otimes$
id	Chaîne(8)	Nom à huit chiffres du système	$\otimes$ / $\in identities$

Annexe D

La base de données *hybrids*

D.1 Nomenclature

Les 26 calculs que nous avons menés sur l'hydroxynitrate ont fait appel de nombreuses fois aux mêmes paramètres de simulation ; dans chaque série de systèmes basés sur la même cellule de simulation, un seul fichier d'entrée pour CPMD a été utilisé. Le seul facteur qui nous a permis d'obtenir des résultats différents a été la date de lancement des calculs, car c'est le seul paramètre qui confère un réel caractère aléatoire au tirage des fonctions d'ondes initiales, et donc au chemin emprunté jusqu'à relaxation complète. C'est pourquoi, de la même manière que pour les agrégats CuO_n, nous avons mis en place une nomenclature capable de garantir l'unicité de chaque nom de fichier. Une fois encore, nous avons retenu une forme d'étiquetage numérique à cause de sa compacité. Les fichiers ont été nommés comme l'indique la figure D.1, à l'aide de huit chiffres.

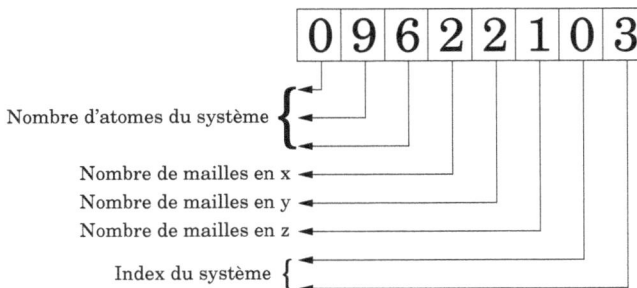

FIGURE D.1 : *Nomenclature utilisée pour nommer les fichiers. Nous avons choisi un code à huit chiffres pour des raisons de compacité. Dans l'exemple présenté ci-dessus, le système considéré comporte 96 atomes (096.....) répartis dans 2 mailles élémentaires en x, 2 mailles en y et une en z (...221..) et correspond au troisième calcul effectué sur cette géométrie (......03).*

Dans ces noms, l'information est actuellement redondante afin de fournir deux moyens
d'accéder rapidement aux résultats. Cette façon de faire, optimale pour $Cu_2(OH)_3(NO_3)$,
pourra néanmoins être changée sans grand effort à l'avenir. Ainsi les codes 024, 048, 072, 096,
144 et 192 pourront-ils désigner tous les six l'hydroxynitrate de cuivre, tandis que d'autres
nombres seront associés aux autres composés étudiés.

Pour compléter le nom de chaque fichier, une extension est accolée à ces huit chiffres afin de
désigner le type de données qu'il contient. Le tableau suivant présente tous les types d'extension
utilisés :

Extension	Type de données
.go1	Géométrie du système en coordonnées réduites
.go2	Géométrie du système en Angströms
.go3	Géométrie du système en unités atomiques
.inp	Fichier d'entrée pour CPMD
.log	Informations sur le déroulement de la construction et de l'analyse
.opt	Fichier de sortie de CPMD lors de l'arrivée à convergence
.pdb	Géométrie du système au format *Protein Database*
.pop	Fichier de sortie de CPMD après analyse des populations
-layers.ps	Tracé de la densité de spin sur chaque plan au format Postscript
-table.tex	Densités de spin oxygène/cuivre au format LaTeX
-table.ps	Densités de spin oxygène/cuivre au format Postscript
-geo.sql	Géométrie du système en coordonnées réduites pour la base de données
-mag.sql	Énergies et propriétés magnétiques pour la base de données

D.2   Programmes d'analyse

Afin d'effectuer l'analyse de la structure électronique de l'hydroxynitrate dans de bonnes
conditions, nous avons développé un certain nombre d'outils, pour construire les systèmes
à étudier à partir de la maille élémentaire puis extraire et traiter les informations cruciales
résultant des calculs. Compte tenu du volume de données à traiter, il était en effet absolument
indispensable d'automatiser au maximum à la fois la construction des systèmes et leur analyse.
Les codes détaillés ci-après ont même été renforcés par la mise en place de la base de données
hybrids (cf. annexe D).

Le programme *mecano* assemble les mailles élémentaires et produit un fichier d'entrée pour
CPMD. Les coordonnées des atomes sont initialement celles de la référence [161], exprimées en
coordonnées réduites dans le système d'axes du cristal, qui n'est pas orthonormal. La maille
élémentaire est ensuite dupliquée le nombre de fois demandé, puis la cellule produite est
transformée de façon à produire des coordonnées en unités atomiques dans un système d'axes
orthonormal. Le fichier résultant est lisible directement par CPMD.

Une fois le calcul terminé, les informations utiles sont extraites du fichier de sortie de CPMD à l'aide du script PERL *splitter*. Quatre fichiers sont produits, contenant respectivement les populations des orbitales pour les spins *up* (↑) et *down* (↓), les coordonnées des atomes en unités atomiques et les caractéristiques de la cellule de simulation. De cette façon, la construction des systèmes et l'analyse de leur structure électronique sont rendues totalement indépendantes, ce qui permet d'effectuer des analyses sur des systèmes qui n'ont pas été créés avec *mecano*.

Les populations des orbitales sont alors traitées puis assemblées par le programme *weaver*, pour obtenir la densité de spin sur chaque atome. L'intégrité et la cohérence des données est vérifiée avant toute action et l'utilisateur est averti de tout problème pouvant survenir. Deux fichiers sont produits : le premier contient la densité de spin et les informations nécessaires à un traitement manuel éventuel de cette donnée ; le second contient les distances des trois atomes de cuivre premiers voisins de chaque atome d'oxygène.

Le programme *labeller* étiquette ensuite les atomes de cuivre et d'oxygène en reconnaissant ces trois plus proches voisins. L'attribution du type de chaque atome est basée sur l'examen des distances de liaison et leur comparaison avec les données de la référence [161]. Les atomes et leurs conjugués ne sont pas distingués les uns des autres, mais cette fonctionnalité pourrait être ajoutée aisément si le besoin s'en faisait sentir.

Un tableau au format LaTeX permettant de comparer les densités de spin sur le cuivre et l'oxygène est alors généré par le script PERL *tabler*, tandis que le script PERL *sketcher* crée un fichier PostScript contenant le tracé des moments de spin sur chaque plan de cuivre. Ces deux fichiers, complémentaires et essentiels pour nos analyses, sont minutieusement horodatés par les scripts de manière à éviter toute confusion possible.

Le programme *checker* calcule des sommes de contrôle et génère un rapport au format LaTeX afin de vérifier qu'aucun problème n'est survenu pendant l'analyse. Il est normalement appelé par le shell-script *do_it_all*, qui invoque à la volée tous les codes d'analyse susmentionnés, ce qui permet l'analyse simultanée d'un nombre arbitraire de systèmes. De cette façon, un suivi particulièrement rigoureux des données est effectué d'un bout à l'autre de la chaîne.

Lorsqu'une analyse est effectuée sur un ensemble de systèmes, deux fichiers nommés checklist.tex et checklist.ps, contenant un récapitulatif et des sommes de contrôle sont générés, le second étant la version compilée du premier. L'appel du script *checker* avec le nom du système en argument permet l'ajout d'informations au fichier LaTeX, tandis qu'un appel sans argument provoque la compilation dudit fichier. Au cours d'une analyse, une série de fichiers temporaires est produite pour chaque système considéré. Le tableau suivant récapitule leurs noms :

Le fichier ...	Contient ...
ALPHA	Moment magnétique des atomes pour le spin majoritaire
BETA	Moment magnétique des atomes pour le spin minoritaire
ATOMS	Type et coordonnées des atomes
SYSTEM	Paramètres du système (nom, cellule, orbitales, nombre d'atomes)
MIX	Densité de spin des atomes
NEIGHBOURS	Atomes d'oxygène et leurs trois premiers voisins cuivre (distances)
TABLE	Atomes d'oxygène et leurs trois premiers voisins cuivre (types)

Parallèlement, tous les paramètres ayant servi à obtenir ces fichiers sont stockés dans la base de données *hybrids*. Tout comme *clusters* (cf. annexe C), il s'agit d'une base de type PostgreSQL, et l'accès aux résultats a lieu de la même façon. Cette base est déjà prête à l'utilisation pour l'étude d'autres composés que l'hydroxynitrate de cuivre (contenant jusqu'à 8 espèces atomiques différentes).

D.3   Structure de la base de données

D.3.1   Tables

La base de données *hybrids* comporte 8 tables, chacune assignée à un rôle bien précis. Le tableau ci-dessous en expose la liste :

Nom de la table	Fonction
species	Contient les paramètres relatifs à chaque espèce simulée
parameters	Contient les jeux de paramètres utilisés pour les simulations
identities	Permet d'établir une « carte d'identité » de chaque système étudié
startpoints	Contient les géométries initiales choisies pour les optimisations
geometries	Contient les structures d'équilibre des systèmes étudiés
energies	Contient la valeur des différents termes de l'énergie totale
populations	Contient les populations ($\uparrow$, $\downarrow$) des orbitales pour chaque atome
coupling	Contient le décompte des interactions magnétiques intraplanaires

Des contraintes sont ajoutées aux différents champs fin de s'assurer, de manière interne à la base de données et lors de la saisie, que les valeurs rentrées ont un sens. Des symboles sont utilisés pour désigner ces contraintes, afin d'en raccourcir l'énoncé :

Le symbole ...	signifie ...
$\otimes$	le champ ne doit pas être vide
!	la valeur du champ doit être unique dans la table
$\odot$	une valeur par défaut est assignée au champ
$\uplus$	le champ est associé à une séquence
$\in < table >$	la valeur du champ doit être dans $< table >$

Si une seule des contraintes n'est pas respectée, la requête est rejetée par la base de données. L'acceptation d'une requête contenant un champ associé à une séquence (ou compteur) entraîne l'incrémentation automatique de cette séquence (de ce compteur). Lorsque cela n'est pas précisé, les champs cumulant les contraintes $\otimes$ et ! sont utilisés comme clés d'indexation afin d'accélérer l'accès aux données.

Les sous-sections qui suivent décrivent la structure interne de chaque table, en détaillant le type et la finalité de tous les champs, ainsi que les contraintes qui leur sont imposées. Les lignes grisées correspondent à des champs dont l'utilisation est strictement interne à la base de données. *Il est vivement déconseillé de modifier manuellement la valeur de ces champs, sous peine de compromettre l'intégrité de l'ensemble des données.*

D.3.2   La table *species*

Champ	Type	Description	Contrainte(s)
name	Chaîne	Symbole de l'espèce chimique	$\otimes$
mass	Réel	Masse atomique (en u.a.)	$\otimes$ / $\geq 0,0$
zv	Réel	Charge de valence (en électrons)	$\otimes$ / $\geq 0,0$
lmaxnloc	Chaîne(80)	Paramètres l_{max} et *loc* du pseudopotentiel	$\otimes$ / ≥ 0
options	Chaîne	Paramètres supplémentaires du pseudopotentiel	$\otimes$ / ≥ 0
notes	Texte	Commentaires sur la génération du pseudopotentiel	—
id	Entier	Clé d'indexation primaire (variable interne)	$\otimes$ / ! / $\odot$ / $\boxplus$

Le champ *id* est relié à la séquence *spcid_seq*.

D.3.3   La table *parameters*

Champ	Type	Description	Contrainte(s)
symmetry	Entier	Réseau de Bravais pour la super-cellule	$\otimes$ / ≥ 0
cx	Réel	Taille de la cellule suivant x (en u.a.)	$\otimes$ / $> 0,0$
cy	Réel	Taille de la cellule suivant y (en u.a.)	$\otimes$ / $\geq 0,0$
cz	Réel	Taille de la cellule suivant y (en u.a.)	$\otimes$ / $\geq 0,0$
ca	Réel	Angle $y\hat{O}z$ (en degrés)	$\otimes$ / $\geq 0,0$
cb	Réel	Angle $x\hat{O}z$ (en degrés)	$\otimes$ / $\geq 0,0$
cc	Réel	Angle $x\hat{O}y$ (en degrés)	$\otimes$ / $\geq 0,0$
ecut	Réel	Énergie de coupure des fonctions d'onde (en Ry)	$\otimes$ / $> 0,0$
gcut	Réel	Gradient sur la densité à convergence	$\otimes$ / $> 0,0$
title	Texte	Titre du jeu de paramètres	—
id	Entier	Clé d'indexation primaire (variable interne)	$\otimes$ / ! / $\odot$ / $\boxplus$

Le champ *id* est relié à la séquence *parid_seq*.

D.3.4   La table *identities*

Champ	Type	Description	Contrainte(s)
nsp	Entier	Nombre d'espèces dans le système	$\otimes$ / $0 < nsp \leq 8$
s1	Entier	Première espèce	$\otimes$ / $\in species$
n1	Entier	Nombre d'atomes de la première espèce	$\otimes$ / > 0
s2	Entier	Deuxième espèce	$\otimes$ / $\odot$ / $\in species$
n2	Entier	Nombre d'atomes de la deuxième espèce	$\otimes$ / $\odot$
s3	Entier	Troisième espèce	$\otimes$ / $\odot$ / $\in species$
n3	Entier	Nombre d'atomes de la troisième espèce	$\otimes$ / $\odot$
.			
.			
.			
s8	Entier	Huitième espèce	$\otimes$ / $\odot$ / $\in species$
n8	Entier	Nombre d'atomes de la huitième espèce	$\otimes$ / $\odot$
charge	Entier	Charge totale du système	$\otimes$
multiplicity	Entier	Multiplicité du système	$\otimes$ / ≥ 0
params	Entier	Paramètres de simulation	$\otimes$ / $\in parameters$
notes	Texte	Commentaires	—
id	Chaîne(8)	Nom à huit chiffres du système	$\otimes$ / !

Bien que pour l'instant les systèmes étudiés ne comportent que quatre espèces, il est possible d'en traiter jusqu'à huit sans redéfinition de la nomenclature.

D.3.5   La table *startpoints*

Champ	Type	Description	Contrainte(s)
isp	Entier	Index de l'espèce dans le système	$\otimes$ / > 0
iat	Entier	Index de l'atome dans l'espèce	$\otimes$ / > 0
x	Réel	Coordonnée x initiale	$\otimes$
y	Réel	Coordonnée y initiale	$\otimes$
z	Réel	Coordonnée z initiale	$\otimes$
id	Chaîne(8)	Nom à huit chiffres du système	$\otimes$ / $\in identities$

D.3.6   La table *geometries*

Champ	Type	Description	Contrainte(s)
isp	Entier	Index de l'espèce dans le système	$\otimes$ / > 0
iat	Entier	Index de l'atome dans l'espèce	$\otimes$ / > 0
x	Réel	Coordonnée x à l'équilibre	$\otimes$
y	Réel	Coordonnée y à l'équilibre	$\otimes$
z	Réel	Coordonnée z à l'équilibre	$\otimes$
id	Chaîne(8)	Nom à huit chiffres du système	$\otimes$ / $\in identities$

D.3.7 La table *energies*

Champ	Type	Description	Contrainte(s)
etot	Réel	Énergie totale	⊗
ekin	Réel	Énergie cinétique des électrons	⊗
eel	Réel	Énergie de Hartree	⊗
eself	Réel	Énergie de *self-interaction*	⊗
esr	Réel	Énergie	⊗
epp	Réel	Énergie locale du pseudoptentiel	⊗
enl	Réel	Énergie non-locale du pseudpotentiel	⊗
exc	Réel	Énergie d'échange-corrélation	⊗
gce	Réel	Énergie de la correction de gradient	⊗
id	Chaîne(8)	Nom à huit chiffres du système	⊗ / ∈ $identities$

D.3.8 La table *populations*

Champ	Type	Description	Contrainte(s)
isp	Entier	Index de l'espèce dans le système	⊗ / > 0
iat	Entier	Index de l'atome dans l'espèce	⊗ / > 0
mup	Réel	Moment ↑ total sur l'atome	⊗ / ≥ 0
mdn	Réel	Moment ↓ total sur l'atome	⊗ / ≥ 0
id	Chaîne(8)	Nom à huit chiffres du système	⊗ / ∈ $identities$

Par convention, le spin majoritaire (α) est considéré comme ↑ et le spin minoritaire (β) comme ↓.

D.3.9 La table *coupling*

Champ	Type	Description	Contrainte(s)
j1	Réel	Décompte pour la constante J_1	⊗
j2	Réel	Décompte pour la constante J_2	⊗
j3	Réel	Décompte pour la constante J_3^a	⊗
j4	Réel	Décompte pour la constante J_3^b	⊗
j5	Réel	Décompte pour la constante J_4^a	⊗
j6	Réel	Décompte pour la constante J_4^b	⊗
id	Chaîne(8)	Nom à huit chiffres du système	⊗ / ∈ $identities$

Par convention, les alignements parallèles sont comptés positivement et les alignements antiparallèles négativement.

Bibliographie

[1] J.M. ZUO, M. KIM, M. O'KEEFE, J.C.H. SPENCE. "Direct observation of d-orbital holes and Cu-Cu bonding in Cu_2O". *Nature*, 401, pp 49–52, 1999.

[2] C.P. POOLE, JR., T. DATTA, H.A. FARACH. *Copper Oxide Superconductors*. John WILEY & Sons, New York (USA), 1988.

[3] J.R. HEATH, P.J. KUEKES, G.S. SNIDER, R.S. WILLIAMS. "Defect-Tolerant Computer Architecture : Opportunities for Nanotechnology". *Science*, 280, pp 1716–1721, 1998.

[4] C.P. COLLIER, E.W. WONG, M. BELORADSKÝ, F.M. RAYMO, J.F. STODDART, P.J. KUEKES, R.S. WILLIAMS, J.R. HEATH. "Electronically Configurable Molecular-Based Logic Gates". *Science*, 285, pp 391–394, 1999.

[5] A.J. MANNINEN, J.P. KAUPPINEN, S. FARHANGFAR, L.J.T. TASKINEN, J.P. PEKOLA. "Feasibility of Coulomb blockade thermometry in metrology". *Physica B*, 284–288, pp 2010–2011, 2000.

[6] J. URBAN. "Crystallography of Clusters". *Cryst. Res. Technol.*, 33, pp 1009–1024, 1998.

[7] G.V. CHERTIHIN, L. ANDREWS, C.W. BAUSCHLICHER, JR. "Reactions of Laser-Ablated Copper Atoms with Dioxygen. Infrared Spectra of the Copper Oxides CuO, OCuO, CuOCuO, and OCuOCuO and Superoxide CuOO in Solid Argon". *J. Phys. Chem. A*, 101, pp 4026–4034, 1997.

[8] M.R. PEDERSON, S.N. KHANNA. "Electronic and geometrical structure and magnetic ordering in passivated $Mn_{12}O_{12}$-acetate nanomagnets". *Chem. Phys. Lett.*, 307, pp 253–258, 1999.

[9] C. MASSOBRIO, A. PASQUARELLO, R. CAR. "Interpretation of photoelectron spectra in Cu_n^- clusters including thermal and final-state effects : The case of Cu_7^-". *Phys. Rev. B*, 54, pp 8913–8918, 1996.

[10] P. RABU, M. DRILLON, K. AWAGA, W. FUJITA, T. SEKINE. "*Hybrid Organic-Inorganic MultiLayer Compounds : Towards Controllable Magnets*", pages 357–395. Wiley-VCH, Weinheim (Allemagne), 2001.

[11] G.G. LINDER, M. ATANASOV, J. PEBLER. "A Single-Crystal Study of the Magnetic Behavior and Exchange Coupling in $Cu_2(OH_3)NO_3$". *J. Sol. St. Chem.*, 116, pp 1–7, 1995.

[12] S. ROUBA. *Corrélations structures-propriétés magnétiques dans une série d'hydroxy-nitrates de métaux de transition 1d et 2d*. Thèse, Université Louis Pasteur, Strasbourg (France), 1996.

[13] V. LAGET. *Matériaux magnétiques hybrides : Influence d'espaceurs organiques et de radicaux dans des sels basiques lamellaires de cuivre et de cobalt*. Thèse, Université Louis Pasteur, Strasbourg (France), 1998.

[14] C. MASSOBRIO, P. RABU, M. DRILLON, C. ROVIRA. "Structural properties, Electron Localization and Magnetic Behavior of Copper Hydroxinitrate : A Density Functional Study". *J. Phys. Chem. B*, 103, pp 9387–9391, 1999.

[15] N. TROULLIER, J.L. MARTINS. "Efficient pseudopotentials for plane-wave calculations". *Phys. Rev. B*, 43, pp 1993–2006, 1991.

[16] K. LAASONEN, A. PASQUARELLO, R. CAR, C. LEE, D. VANDERBILT. "Car-Parrinello molecular dynamics with Vanderbilt ultrasoft pseudopotentials". *Phys. Rev. B*, 47, pp 10142–10153, 1993.

[17] E. RUIZ, P. ALEMANY, S. ALVAREZ, J. CANO. "Toward the Prediction of Magnetic Coupling in Molecular Systems : Hydroxo- and Alkoxo-Bridged Cu(II) Binuclear Complexes". *J. Am. Chem. Soc.*, 119, pp 1297–1303, 1997.

[18] E. WIMMER. "*Computational methods for atomistic simulations of materials*". Accelrys, http://www.accelrys.com/technology/qm/erich/, 2000.

[19] D.R. HARTREE. "The Wave Mechanics of an Atom with a Non-Coulomb Central Field". *Proc. Cambridge Philos. Soc.*, 24, pp 89–110, 1928.

[20] V.A. FOCK. "Näherungsmethode zur Lösung des quantenmechanischen Mehrkörperproblems". *Z. Phys.*, 61, pp 126–148, 1930.

[21] V.A. FOCK. "Self-consistent field mit Austausch für Natrium". *Z. Phys.*, 62, pp 795–805, 1930.

[22] J.C. SLATER. "Note on Hartree's Method". *Phys. Rev.*, 35, pp 210–211, 1930.

[23] K. DENG, J. YANG, L. YUAN, Q. ZHU. "A theoretical study of the linear OCuO species". *J. Chem. Phys.*, 111, pp 1477–1482, 1999.

[24] P. HOHENBERG, W. KOHN. "Inhomogeneous Electron Gas". *Phys. Rev.*, 136, pp B864–B870, 1964.

[25] L.H. THOMAS. "The Calculations of Atomic Fields". *Proc. Camb. Phil. Soc.*, 23, p 542, 1927.

[26] E. FERMI. "Un Metodo Statistico per la Determinazione di Alcune Proprietá dell'Atomo". *Rend. Accad. Lincei*, 6, p 602, 1927.

[27] W. KOHN, L.J. SHAM. "Self-consistent Equations Including Exchange and Correlation Effects". *Phys. Rev.*, 140, pp A1133–A1138, 1965.

[28] R.O. JONES, O. GUNNARSSON. "The density functional formalism, its applications and prospects". *Rev. Mod. Phys.*, 61, pp 689–746, 1989.

[29] J.C. SLATER, J.B. MANN, T.M. WILSON, J.H. WOOD. "Nonintegral Occupation Numbers in Transition Atoms in Crystals". *Phys. Rev.*, 184, pp 672–694, 1969.

[30] D.J. SINGH. *Planewaves, Pseudopotentials and the LAPW Method*. Klüwer Academic Publishers, Boston (USA), 1994.

[31] J.P. PERDEW, A. ZUNGER. "Self-interaction correction to density-functional approximations for many-electron systems". *Phys. Rev. B*, 45, pp 5048–5079, 1981.

[32] A.D. BECKE. "Density-functional exchange-energy approximation with correct asymptotic behaviour". *Phys. Rev. A*, 38, pp 3098–3100, 1988.

[33] K. BURKE, J.P. PERDEW, M. LEVY. "Improving energies by using exact electron densities". *Phys. Rev. A*, 53, pp R2915–R2917, 1996.

[34] M.C. HOLTHAUSEN W. KOCH. *A Chemist's Guide to Density Functional Theory.* WILEY-VCH, Weinheim (Allemagne), 2000.

[35] D.M. CEPERLEY, B.J. ALDER. "Ground State of the Electron Gas by a Stochastic Method". *Phys. Rev. Lett.*, 45, pp 566–569, 1980.

[36] S.J. VOSKO, L. WILK, M. NUSAIR. "Accurate Spin-Dependent Electron Liquid Correlation Energies for Local Spin Density Calculations : A Critical Analysis". *Can. J. Phys.*, 58, pp 1200–1211, 1980.

[37] J.P. PERDEW, Y. WANG. "Accurate and simple analytic representation of the electron-gas correlation energy". *Phys. Rev. B*, 45, pp 13244–13249, 1992.

[38] G. ORTIZ, P. BALLONE. "Pseudopotentials for non-local-density functionals". *Phys. Rev. B*, 43, pp 6376–6387, 1991.

[39] R.O. JONES. "Molecular bonding in Group IIA dimers Be_2-Ba_2". *J. Chem. Phys.*, 71, pp 1300–1308, 1979.

[40] P. BALLONE, G. GALLI. "Accurate pseudopotential local-density-approximation computations for neutral and ionized dimers of the IB and IIB groups". *Phys. Rev. B*, 42, pp 1112–1123, 1990.

[41] H. STOLL and A. SAVIN. "Density Functionals for Correlation Energies of Atoms and Molecules". Dans R.M. DREIZLER and J. DA PROVIDENCIA, éditeur(s), *Density Functional Methods in Physics*, NATO-ASI Series, pages 177–207. Plenum, NY, Dordrecht (Pays-Bas), 1985.

[42] A.D. BECKE. "Density functional calculations of molecular bond energies". *J. Chem. Phys.*, 84, pp 4524–4529, 1986.

[43] J.P. PERDEW. "Accurate density functional for the energy : Real-space cutoff of the gradient expansion for the exchange hole". *Phys. Rev. Lett.*, 55, pp 1665–1668, 1985.

[44] R.G. PARR, W. YANG. *Density-Functional Theory of Atoms and Molecules.* The International Series of Monographs on Chemistry. Oxford University Press, New York (USA), 1989.

[45] J.P. PERDEW, W. YUE. "Accurate and simple density functional for the electronic exchange energy : Generalized gradient approximation". *Phys. Rev. B*, 33, pp 8800–8802, 1986.

[46] D.C. LANGRETH, M.J. MEHL. "Beyond the local-density approximation in calculations of ground-state electronic properties". *Phys. Rev. B*, 28, pp 1809–1834, 1983.

[47] Y. WANG, J.P. PERDEW. "Correlation hole of the spin-polarized electron gas, with exact small-wave-vector and high-density scaling". *Phys. Rev. B*, 44, pp 13298–13307, 1991.

[48] J.P. PERDEW, J.A. CHEVARY, S.H. VOSKO, K.A. JACKSON, M.R. PEDERSON, D.J. SINGH, C. FIOLHAIS. "Atoms, molecules, solids, and surfaces : Applications of the generalized gradient approximation for exchange and correlation". *Phys. Rev. B*, 46, pp 6671–6687, 1992.

[49] A.D. BECKE. "A new mixing of Hartree-Fock and local density-functional theories". *J. Chem. Phys.*, 98, pp 1372–1377, 1993.

[50] A.D. BECKE. "Density-functional thermochemistry. III. The role of exact exchange". *J. Chem. Phys.*, 98, pp 5648–5652, 1993.

[51] C. LEE, W. YANG, R.G. PARR. "Development of the Colle-Salvetti correlation-energy formula into a functional of the electron density". *Phys. Rev. B*, 37, pp 785–789, 1988.

[52] J. LAEGSGAARD, K. STOKBRO. "Hole Trapping at Al impurities in Silica : A Challenge for Density Functional Theories". *Phys. Rev. Lett.*, 86, pp 2834–2837, 2001.

[53] A.D. BECKE. *"Exchange-Correlation Approximations in Density-Functional Theory"*. World Scientific, Singapour, 1995.

[54] A.D. BECKE. "Density-functional thermochemistry. IV. A New Dynamical Correlation Functional and Implications for Exact-Exchange Mixing". *J. Chem. Phys.*, 104, pp 1040–1046, 1996.

[55] A.D. BECKE. "Density-functional thermochemistry. V. Systematic Optimization of Exchange-Correlation Functionals". *J. Chem. Phys.*, 107, pp 8554–8560, 1997.

[56] A.D. BECKE. "A New Inhomogeneity Parameter in Density Functional Theory". *J. Chem. Phys.*, 109, pp 2092–2098, 1998.

[57] A.D. BECKE. "Exploring the Limits of Gradient Corrections in Density Functional Theory". *J. Comput. Chem.*, 20, pp 63–69, 1999.

[58] J.P. PERDEW, K. BURKE, M. ERNZERHOF. "Generalized Gradient Approximation Made Simple". *Phys. Rev. Lett.*, 77, pp 3865–3868, 1996.

[59] J.P. PERDEW, K. BURKE, M. ERNZERHOF. "Erratum : Generalized Gradient Approximation Made Simple". *Phys. Rev. Lett.*, 78, p 1396, 1997.

[60] J.P. PERDEW, M. ERNZERHOF, K. BURKE. "Rationale for Mixing Exact Exchange with Density Functional Approximations". *J. Chem. Phys.*, 105, pp 9982–9985, 1996.

[61] K. BURKE, M. ERNZERHOF, J.P. PERDEW. "The Adiabatic Connection Method : A Non-Empirical Hybrid". *Chem. Phys. Lett.*, 265, pp 115–120, 1997.

[62] C. ADAMO, V. BARONE. "Toward Reliable Density Functional Methods Without Adjustable parameters : The PBE0 Method". *J. Chem. Phys.*, 110, pp 6158–6170, 1999.

[63] C. ADAMO, M. COSSI, V. BARONE. "An Accurate Density Functional Method for the Study of Magnetic Properties : The PBE0 Model". *J. Mol. Struct. (Theochem)*, 493, pp 145–157, 1999.

[64] J.P. PERDEW, S. KURTH, A. ZUPAN, P. BLAHA. "Accurate Density Functional with Correct Formal Properties : A Step Beyond the Generalized Gradient Approximation". *Phys. Rev. Lett.*, 82, pp 2544–2547, 1999.

[65] F.A. HAMPRECHT, A.J. COHEN, D.J. TOZER, N.C. HANDY. "Development and assessment of new exchange-correlation functionals". *J. Chem. Phys.*, 109, pp 6264–6271, 1998.

[66] A.D. BOESE, N.L. DOLTSINIS, N.C. HANDY, M. SPRIK. "New generalized gradient approximation functionals". *J. Chem. Phys.*, 112, pp 1670–1678, 2000.

[67] D. MARX, J. HUTTER. "Ab initio molecular dynamics : Theory and Implementation". Dans J. GROTENDORST, éditeur(s), *Modern Methods and Algorithms of Quantum Chemistry*, volume 1 of *NIC Series*, pages 301–449. John von Neumann Institute for Computing, Jülich (Allemagne), 2000.

[68] U. VON BARTH, C.D. GELATT. "Validity of the frozen-core approximation and pseudopotential theory for cohesive energy calculations". *Phys. Rev. B*, 21, pp 2222–2228, 1980.

[69] M.C. PAYNE, M.P. TETER, D.C. ALLAN, T.A. ARIAS, J.D. JOANNOPOULOS. "Iterative minimization techniques for *ab initio* total-energy calculations : molecular dynamics and conjugate gradients". *Rev. Mod. Phys.*, 64, pp 1045–1097, 1992.

[70] W.E. PICKETT. "Pseudopotential Methods in Condensed Matter Applications". *Comput. Phys. Rep.*, 9, pp 115–198, 1989.

[71] M. FUCHS, M. SCHEFFLER. "Ab initio pseudopotentials for electronic structure calculations of poly-atomic systems using density-functional theory". *Comput. Phys. Comm.*, 119, pp 67–98, 1999.

[72] S.G. LOUIE, S. FROYEN, M.L. COHEN. "Nonlinear ionic pseudopotentials in spin-density-functional calculations". *Phys. Rev. B*, 26, pp 1738–1742, 1982.

[73] D.R. HAMANN, M. SCHLÜTER, C. CHIANG. "Norm-Conserving Pseudopotentials". *Phys. Rev. Lett.*, 43, pp 1494–1497, 1979.

[74] G.B. BACHELET, D.R. HAMANN, M. SCHLÜTER. "Pseudopotentials that work : From H to Pu". *Phys. Rev. B*, 26, pp 4199–4228, 1982.

[75] D.R. HAMANN. "Generalized norm-conserving pseudopotentials". *Phys. Rev. B*, 40, pp 2980–2987, 1989.

[76] N. TROULLIER, J.L. MARTINS. "Efficient pseudopotentials for plane-wave calculations. II. Operators for fast iterative diagonalization". *Phys. Rev. B*, 43, pp 8861–8869, 1991.

[77] D.D. KOELLING, B.N. HARMON. "A technique for relativistic spin-polarized calculations". *J. Phys. C*, 10, pp 3107–3114, 1977.

[78] A.H. MACDONALD, S.J. VOSKO. "A relativistic density functional formalism". *J. Phys. C*, 12, pp 2977–2990, 1979.

[79] X. GONZE, R. STUMPF, M. SCHEFFLER. "Analysis of separable potentials". *Phys. Rev. B*, 44, pp 8503–8513, 1991.

[80] L. KLEINMAN, D.M. BYLANDER. "Efficacious Form for Model Pseudopotentials". *Phys. Rev. Lett.*, 48, pp 1425–1428, 1982.

[81] X. GONZE, P. K CKELL, M. SCHEFFLER. "Ghost states for separable, norm-conserving, *ab initio* pseudopotentials". *Phys. Rev. B*, 41, pp 12264–12267, 1990.

[82] P.E. BLÖCHL. "Generalized separable potentials for electronic-structure calculations". *Phys. Rev. B*, 41, pp 5414–5416, 1990.

[83] D. VANDERBILT. "Soft self-consistent pseudopotentials in a generalized eigenvalue formalism". *Phys. Rev. B*, 41, pp 7892–7895, 1990.

[84] G.P. KERKER. "Non-singular atomic pseudopotentials for solid state applications". *J. Phys. C*, 13, pp L189–L194, 1980.

[85] D. VANDERBILT. "Optimally smooth norm-conserving pseudopotentials". *Phys. Rev. B*, 32, pp 8412–8415, 1985.

[86] A.M. RAPPE, K.M. RABE, E. KAXIRAS, J.D. JOANNOPOULOS. "Optimized pseudopotentials". *Phys. Rev. B*, 41, pp 1227–1230, 1990.

[87] A. PASQUARELLO, K. LAASONEN, R. CAR, C. LEE, D. VANDERBILT. "*Ab initio* molecular dynamics for *d*-electron systems : Liquid copper at 1500 K". *Phys. Rev. Lett.*, 69, pp 1982–1985, 1992.

[88] J.P. PERDEW. "Density-functional approximation for the correlation energy of the inhomogeneous electron gas". *Phys. Rev. B*, 33, pp 8822–8824, 1986.

[89] P.E. GILL, W. MURRAY, M.H. WRIGHT. *Practical optimization*. Academic, Londres (Royaume-Uni), 1981.

[90] M.P. TETER, M.C. PAYNE, D.C. ALLAN. "Solution of Schrödinger's equation for large systems". *Phys. Rev. B*, 40, pp 12255–12263, 1989.

[91] I. ŠTICH, R. CAR, M. PARRINELLO, S. BARONI. "Conjugate gradient minimization of the energy functional : A new method for electronic structure calculation". *Phys. Rev. B*, 39, pp 4997–5004, 1989.

[92] M.J. GILLAN. "Calculation of the vacancy formation energy in aluminium". *J. Phys. : Condens. Matter*, 1, pp 689–711, 1989.

[93] R. CAR, M. PARRINELLO. "Unified Approach for Molecular Dynamics and Density-Functional Theory". *Phys. Rev. Lett.*, 55, pp 2471–2474, 1985.

[94] G. GALLI, M. PARRINELLO. "Ab-initio Molecular Dynamics : Principles and Practical Implementation". Dans M. MEYER, V. PONTIKIS, éditeur(s), *Computer Simulation in Materials Science*, volume 205 of *NATO-ASI Series E : Applied Sciences*, pages 283–304. Kluwer Academic Publishers, Dordrecht (Pays-Bas), 1991.

[95] G. PASTORE, E. SMARGIASSI, F. BUDA. "Theory of *ab initio* molecular-dynamics calculations". *Phys. Rev. A*, 44, pp 6334–6347, 1991.

[96] S. NOSÉ. "A molecular dynamics method for simulations in the canonical ensemble". *Mol. Phys.*, 52, pp 255–268, 1984.

[97] W.G. HOOVER. "Canonical dynamics : Equilibrium phase-space distributions". *Phys. Rev. A*, 31, pp 1695–1697, 1985.

[98] M.E. TUCKERMAN, M. PARRINELLO. "Integrating the Car-Parrinello equations". *J. Chem. Phys.*, 101, pp 1302–1329, 1994.

[99] P.E. BLÖCHL, M. PARRINELLO. "Adiabaticity in first-principles molecular dynamics". *Phys. Rev. B*, 45, pp 9413–9416, 1992.

[100] C.E. SHANNON. "A Mathematical Theory of Communication". *Bell System Technical Journal*, 27, pp 379–423, 623–656, 1948.

[101] F. TASSONE, F. MAURI, R. CAR. "Acceleration schemes for *ab initio* molecular-dynamics simulations and electronic-structure calculations". *Phys. Rev. B*, 50, pp 10561–10573, 1994.

[102] L. VERLET. "Computer Experiments on Classical Fluids. I. Thermodynamical properties of Lennard-Jones Molecules". *Phys. Rev.*, 159, pp 98–103, 1967.

[103] L. VERLET. "Computer Experiments on Classical Fluids. II. Equilibrium Correlation Functions". *Phys. Rev.*, 165, pp 201–214, 1967.

[104] H.J.C. BERENDSEN, W.F. GUNSTEREN. "Practical Algorithms for Dynamic Simulations". Dans G. CICCOTTI and W.G. HOOVER, éditeurs, *Molecular-Dynamics simulation of Statistical-Mechanical Systems*, volume XCVII of *Rendiconti della Scuola Internazionale di Fisica Enrico Fermi*, pages 43–65, Bologna - Italia, 1986. Societa Italiana di Fisica.

[105] P. PULAY. "Convergence acceleration of iterative sequences. The case of SCF iteration". *Chem. Phys. Lett.*, 73, pp 393–398, 1980.

[106] G. KRESSE, J. FURTHMÜLLER. "Efficient iterative schemes for ab initio total-energy calculations using a plane-wave basis set". *Phys. Rev. B*, 54, pp 11169–11186, 1996.

[107] W.A. de HEER. "The physics of simple metal clusters : experimental aspects and simple models". *Rev. Mod. Phys.*, 65, pp 611–676, 1993.

[108] T. ODA, A. PASQUARELLO, R. CAR. "Fully Unconstrained Approach to Noncollinear Magnetism : Application to Small Fe Clusters". *Phys. Rev. Lett.*, 80, pp 3622–3625, 1998.

[109] J.D. JACKSON. *Classical electrodynamics*. John WILEY & Sons, New York (USA), 1998.

[110] H. HERTENSTEIN. " ". *Z. Wiss. Photogr.*, 11(69), p 199, 1912.

[111] J.M. LEJEUNE, B. ROSEN. " ". *Bull. Soc. Roy. Sci. Liège*, 14, p 81, 1945.

[112] A. GUNTSCH. " ". *Ark. Mat. Astr. Fiz.*, A33, p 2, 1946.

[113] R.W.B. PEARSE, A.G. GAYDON. *The identification of molecular spectra*. Chapman & Hall Ltd., Londres (Royaume-Uni), 1965.

[114] A. LAGERQVIST, U. UHLER. " ". *Z. Naturforsch.*, 22b, p 551, 1967.

[115] A. ANTIČ-JOVANOVIČ, D.S. PESIĆ, A.G. GAYDON. " ". *Proc. Roy. Soc. London*, A307, p 399, 1968.

[116] J.S. SHIRK, A.M. BASS. "Absorption and Laser-Excited Fluorescence of Matrix-Isolated CuO". *J. Chem. Phys.*, 52, pp 1894–1901, 1970.

[117] A. ANTIČ-JOVANOVIČ, D.S. PESIĆ. "Rotational analysis of the (0,0) band of the orange-red system of $^{63}Cu^{16}O$". *J. Phys. B*, 6, pp 2473–2477, 1973.

[118] K.R. THOMPSON, W.G. EASLEY, L.B. KNIGHT. "Spectra of Matrix Isolated Transition Metal Monoxides. Manganese (II) and Copper (II) Oxides. Evidence for a $^2\Pi$ Ground State for Copper (II) Oxide". *J. Phys. Chem.*, 77, pp 49–52, 1973.

[119] O. APPELBLAD, A. LAGERQVIST. "The Spectrum of CuO : Rotational Analysis of Some Blue and Red Bands". *Phys. Scr.*, 10, pp 307–324, 1974.

[120] M.J. GRIFFITHS, R.F. BARROW. "Observations on the Electronic Spectra of CuO, AgO and AuO Isolated in Rare Gas Matrices". *J. Chem. Soc. Fraraday Trans. II*, 7, pp 943–951, 1977.

[121] B. PINCHEMEL, Y. LEFEBVRE, J. SCHAMPS. "Spectrum of CuO : a red $^2\Delta - x^2\Pi_i$ transition". *J. Phys. B*, 10, pp 3215–3217, 1977.

[122] H.M. ROJHANTALAB, L. ALLAMANDOLA, J. NIBLER. "Fluorescence studies of CuO in an Ar matrix". *Ber. Bunsenges. Phys. Chem.*, 82, pp 107–108, 1978.

[123] Th. JENTSCH, W. DRACHSEL, J.H. BLOCK. "Copper Cluster ions in Photon-Induced Field Ionization Mass Spectra". *Int. J. Mass Spectrom. Ion Phys.*, 38, pp 215–222, 1981.

[124] D.E. TEVAULT, R.L. MOWERY, R.A. DEMARCO, R.R. SMARDZEWSKI. "Matrix reactions of copper atoms and ozone molecules. Infrared spectrum of CuO". *J. Chem. Phys.*, 74, pp 4342–4346, 1981.

[125] Y. LEFEBVRE, B. PINCHEMEL, J.M. DELAVAL, J. SCHAMPS. "Laser Induced Fluorescence of an Infrared $X^2\Sigma^+ - X^2\Pi_i$ Transition of CuO : Interpretation of the $X^2\Pi_i$ Ground State Λ-Type Doubling". *Phys. Rev. B*, 37, pp 785–789, 1988.

[126] D.H.W. DEN BOER, E.W.. KALEVELD. "Ab initio computations on small copper compounds — CuO". *Chem. Phys. Lett.*, 69, pp 389–395, 1980.

[127] H. BASCH, R. OSMAN. "A modified effective core potential for the copper atom : low energy electronic states of CuO". *Chem. Phys. Lett.*, 93, pp 51–55, 1982.

[128] P.S. BAGUS, C.J. NELIN, C.W. BAUSCHLICHER, JR. "On the low-lying states of CuO". *J. Chem. Phys.*, 79, pp 2975–2981, 1983.

[129] G. IGEL, U. WEDIG, M. DOLG, P. FUENTEALBA, H. BREUSS, H. STOLL, R. FREY. "Cu and Ag as one-valence-electron atoms : Pseudopotential CI results for CuO and AgO". *J. Chem. Phys.*, 81, pp 2737–2740, 1984.

[130] P.V. MADHAVAN, M.D. NEWTON. "Electronic states of CuO". *J. Chem. Phys.*, 83, pp 2337–2347, 1985.

[131] S.R. LANGHOFF, C.W. BAUSCHLICHER, JR. "Theoretical study of the $X^2\Pi$ and $A^2\Sigma^+$ states of CuO and CuS". *Chem. Phys. Lett.*, 124, pp 241–247, 1986.

[132] G.A. OZIN, S.A. MITCHELL, J. GARCIA-PRIETO. "Dioxygen activation by photoexcited copper atoms". *J. Am. Chem. Soc.*, 105, pp 6399–6405, 1983.

[133] D.E. TEVAULT. "Laser-induced emission spectrum of CuO_2 in argon matrices". *J. Chem. Phys.*, 76, pp 2859–2863, 1982.

[134] V.E. BONDYBEY, J.H. ENGLISH. "Structure of CuO_2 and Its Photochemistry in Rare Gas Matrices". *J. Phys. Chem.*, 88, pp 2247–2250, 1984.

[135] J.A. HOWARD, R. SUTCLIFFE, B. MILE. "Electron Spin Resonance Spectra of Dioxygen Complexes of Group 1B Metal Atoms". *J. Phys. Chem.*, 88, pp 4351–4354, 1984.

[136] P.H. KASAI, P.M. JONES. "Cu, Ag, and Au Atom-Molecular Oxygen Complexes : Matrix Isolation ESR Study". *J. Phys. Chem.*, 90, pp 4239–4245, 1986.

[137] S.M. MATTAR, G.A. OZIN. "Magnetic Inequivalency in Metal Monosuperoxides". *J. Phys. Chem.*, 92, pp 3511–3518, 1988.

[138] C. VINCKIER, J. CORTHOUTS, S. DE JAEGERE. "A Kinetic Study of the Reaction of Copper Atoms in the Gas Phase with Molecular Oxygen at 300 K in Microwave-induced Plasma Afterglows". *J. Chem. Soc., Faraday Trans.*, 84, pp 1951–1960, 1988.

[139] C.E. BROWN, S.A. MITCHELL, P.A. HACKETT. "Dioxygen Complexes of 3d Transition-Metal Atoms : Formation Reactions in the Gas Phase". *J. Phys. Chem.*, 95, pp 1062–1066, 1991.

[140] D. SÜLZLE, H. SCHWARZ, K.H. MOOCK, J.K. TERLOUW. "On the existence of novel nitrides and oxides of copper : CuN, CuO_2 and CuNO". *Int. J. Mass Spectrom. Ion Processes*, 108, pp 269–272, 1991.

[141] H. WU, S.R. DESAI, L.S. WANG. "Two isomers of CuO_2 : The $Cu(O_2)$ complex and the copper dioxide". *J. Chem. Phys.*, 103, pp 4363–4366, 1995.

[142] H. WU, S.R. DESAI, L.S. WANG. "Chemical Bonding between Cu and Oxygen-Copper Oxides vs O_2 Complexes : A Study of CuO_x (x = 0–6) Species by Anion Photoelectron Spectroscopy". *J. Phys. Chem. A*, 101, pp 2103–2111, 1997.

[143] T.K. HA, M.T. NGUYEN. "An ab Initio Calculation of the Electronic Structure of Copper Dioxide". *J. Phys. Chem.*, 89, pp 5569–5570, 1985.

[144] Y. MOCHIZUKI, U. NAGASHIMA, S. YAMAMOTO, H. KASHIWAGI. "A theoretical Study of the Bent Form of CuO_2". *Chem. Phys. Lett.*, 164, pp 225–230, 1989.

[145] C.W. BAUSCHLICHER, JR., S.R. LANGHOFF, H. PARTRIDGE, M. SODUPE. "Determination of the Structure and Bond Energies of NiO_2 and CuO_2". *J. Phys. Chem.*, 97, pp 856–859, 1993.

[146] J. HRUŠÁK, W. KOCH, H. SCHWARZ. "An *ab initio* molecular orbital study of the structures and energetics of the neutral and cationic CuO_2 and CuNO molecules in the gas phase". *J. Chem. Phys.*, 101, pp 3898–3905, 1994.

[147] K. DENG, J. YANG, Q. ZHU. "A theoretical study of the CuO_3 species". *J. Chem. Phys.*, 113, pp 7867–7873, 2000.

[148] Y. POUILLON, C. MASSOBRIO. "Neutral and anionic CuO_2 : an *ab initio* study". *Comput. Mater. Sci.*, 17, pp 539–543, 2000.

[149] Y. POUILLON, C. MASSOBRIO. "A density functional study of CuO_2 molecules : structural stability, bonding and temperature effects". *Chem. Phys. Lett.*, 331, pp 290–298, 2000.

[150] R. WOODWARD, P.N. LE, M. TEMMEN, J.L. GOLE. "Potential probes of Metal Cluster Oxide Quantum Levels. Optical Signatures for the Oxidation of Small Metal Clusters M_x (M = Cu, Ag, B, Mn)". *J. Phys. Chem.*, 91, pp 2637–2645, 1987.

[151] Z. CAO, M. SOLÀ, H. XIAN, M. DURAN, Q. ZHANG. "Density Functional Theory Study of the Structures and Stabilities of CuO_3^- and CuO_3". *Int. J. Quant. Chem.*, 81, pp 162–168, 2001.

[152] J.H. DARLING, M.B.. GARTON-SPRENGER, J.S. OGDEN. " ". *Faraday Symp. Chem. Soc.*, 8, p 75, 1973.

[153] F. PARMIGIANI, L. SANGALETTI. "Behaviour of the Zhang-Rice singlet in $CuGeO_3$, Bi_2CuO_4, and CuO". *J. Elec. Spect. & Rel. Phen.*, 107, pp 49–62, 2000.

[154] Y. POUILLON, C. MASSOBRIO. "Identifying structural building blocks in CuO_6 clusters : CuO_2 complexes vs CuO_3 ozonides". *Chem. Phys. Lett.*, 356, pp 469–475, 2002.

[155] M.A. KASTNER, R.J. BIRGENEAU, G. SHIRANE, Y. ENDOH. "Magnetic, transport, and optical properties of monolayer copper oxides". *Rev. Mod. Phys.*, 70, pp 897–928, 1998.

[156] O. KAHN. *Molecular Magnetism*. Wiley-VCH, Weinheim (Allemagne), 1993.

[157] J.S. MILLER, A.J. EPSTEIN, W.M. REIFF. Dans D. GATTESCHI, O. KAHN, J.S. MILLER, F. PALACIO, éditeur(s), *Magnetic Molecular Materials*, NATO-ASI Series E : Applied Sciences, page 448 p. Klüver Academic Publishers, Dordrecht (Pays-Bas), 1991.

[158] M. DRILLON, C. HORNICK, V. LAGET, P. RABU, F.M. ROMERO, S. ROUBA, G. ULRICH, R. ZIESSEL. "Recent experimental and theoretical studies of molecular and layered metal-radical based magnets". *Mol. Cryst. Liq. Cryst.*, 273, pp 125–140, 1995.

[159] B. BOVI, S. LOCCHI. "Crystal structure of the orthorhombic basic copper nitrate $Cu_2(OH)_3(NO_3)$". *J. Crystallogr. Spectr. Res.*, 12, pp 507–517, 1982.

[160] W. NOWACKI, R. SCHEIDEGGER. "Zur Kristallographie des monoklinen basischen Kupfernitrates $Cu(NO_3)_2 \cdot 3Cu(OH)_2$". I. *Acta Crystallogr.*, 3, pp 472–473, 1950.

[161] H. EFFENBERGER. "Verfeinerung der Kristallstruktur des monoklinen Dikupfer(II)-trihydroxi-nitrates $Cu_2(NO_3)(OH)_3$". *Zeit. Kristallog.*, 165, pp 127–135, 1983.

[162] V.H. CRAWFORD, H.W. RICHARDSON, J.R. WASSON, D.J. HODGSON, W.E. HATFIELD. "Relationship between the Singlet-Triplet Splitting and the Cu-O-Cu Bridge Angle in Hydroxo-Bridged Copper Dimers". *Inorg. Chem.*, 15, pp 2107–2110, 1976.

[163] R. HOFFMAN. "An Extended Hückel Theory. I. Hydrocarbons". *J. Chem. Phys.*, 39, pp 1397–1412, 1963.

[164] R. BOCA. *Theoretical Foundations of Molecular Magnetism.* Elsevier, Lausanne (Suisse), 1999.

[165] E. RUIZ, S. ALVAREZ, A. RODRÍGUEZ-FORTEA, P. ALEMANY, Y. POUILLON, C. MASSOBRIO. *"Electronic Structure and Magnetic Behavior in Polynuclear Transition-Metal Compounds"*, pages 227–279. Wiley-VCH, Weinheim (Allemagne), 2001.

[166] J. HUTTER, A. ALAVI, T. DEUTSCH, M. BERNASCONI, St. GÖDECKER, D. MARX, M. TUCKERMAN, M. PARRINELLO. CPMD code. MPI für Festkörperforschung, IBM Zürich Research Laboratory, 1995–99.

[167] C. MASSOBRIO, Y. POUILLON, P. RABU, M. DRILLON. "A density functional study of copper hydroxonitrate : size effects and spin density topology". *Polyhedron*, 20, pp 1305–1309, 2001.

[168] B. MOMJIAN. *PostgreSQL : introduction and concepts.* Addison-Wesley, Boston (USA), 2001.

Résumé

Les propriétés structurales et électroniques de petits agrégats CuO, d'une part, et les propriétés magnétiques de l'hydroxynitrate de cuivre, d'autre part, ont été déterminées dans le cadre de la théorie de la fonctionnelle de densité (DFT), à l'aide de la dynamique moléculaire *ab initio*.

Les calculs concernant les agrégats ont été effectués dans l'approximation de densité locale polarisée en spin (LSDA), avec une correction de gradient généralisé (GGA). Les fonctions d'onde ont été projetées sur une base d'ondes planes associée à des conditions aux limites périodiques. Des pseudopotentiels de Vanderbilt ont été utilisés. Les géométries d'équilibre des agrégats, inaccessibles expérimentalement, ont tout d'abord été déterminées, à la fois pour des agrégats neutres et négativement chargés, dans deux états de spin différents pour chacun. Les effets de la température ont été pris en compte à l'aide de simulations de dynamique moléculaire *ab initio* à température finie. Une méthode spécifique a été développée pour caractériser les propriétés électroniques de ces agrégats.

Une série de calculs de structure électronique a été menée sur l'hydroxynitrate de cuivre, pour différentes tailles de la cellule de simulation. Les calculs ont cette fois fait appel à des pseudopotentiels à norme conservée de Troullier-Martins. La densité de spin au niveau des atomes de cuivre et d'oxygène a été analysée pour chaque système étudié. Les principes gouvernant sa répartition ont été dégagés, une tentative d'évaluation des constantes de couplage a été effectuée et l'influence de la taille de la cellule a été considérée.

Title : Structural and electronic properties of small CuO_n (n=1–6) clusters and of the solid compound $Cu_2(OH)_3(NO_3)$: a density-functional study

Abstract

The structural and electronic properties of small CuO clusters, and the magnetic properties of copper hydroxonitrate, have been determined within the density functional theory (DFT) framework by means of *ab initio* molecular dynamics.

The calculations on the clusters have been carried out within the local spin-polarized density approximation (LSDA) with use of a generalized gradient correction (GGA). The wavefunctions have been projected on a plane-wave basis set, combined with periodic boundary conditions. Ultrasoft pseudopotentials have also been used. The equilibrium geometries of the clusters — experimentally unreachable — have been first determined, both for neutral and anionic clusters, in two different spin states for each of them. Temperature effects have been taken into account with help of finite-temperature *ab initio* molecular dynamics simulations. A specific method has been developed to characterize the electronic properties of these clusters.

A series of electronic structure calculations has been done on copper hydroxonitrate, for different supercell sizes. This time norm-conserving Troullier-Martins pseudopotentials have been used. The spin density within copper and oxygen atoms has been analysed for every system. The principles ruling its repartition have been determined, the magnetic-coupling constants have been tentatively evaluated, and the influence of the supercell size has been traced.

Discipline : Physique

Mots-clés

Fonctionnelle de densité, Dynamique moléculaire *ab initio*, structure électronique, super-échange magnétique, liaison cuivre-oxygène, métaux de transition, matériaux hybrides organiques-inorganiques

www.ingramcontent.com/pod-product-compliance
Lightning Source LLC
Chambersburg PA
CBHW021043210326
41598CB00016B/1093